磁性吸波材料

周影影　编著

陕西新华出版传媒集团

陕西科学技术出版社

Shaanxi Science and Technology Press

————西　安————

图书在版编目(CIP)数据

磁性吸波材料/周影影编著. —西安:陕西科学
技术出版社,2021.4
ISBN 978-7-5369-8040-2

Ⅰ.①磁… Ⅱ.①周… Ⅲ.①磁性材料—
吸波材料—研究 Ⅳ.①TB34

中国版本图书馆 CIP 数据核字(2021)第 054229 号

磁性吸波材料

cixing xibo cailiao

周影影 编著

责任编辑 李 栋
封面设计 曾 珂

出 版 者 陕西新华出版传媒集团 陕西科学技术出版社
西安市曲江新区登高路 1388 号陕西新华出版传媒产业大厦 B 座
电话(029)81205187 传真(029)81205155 邮编 710061
http://www.snstp.com
发 行 者 陕西新华出版传媒集团 陕西科学技术出版社
电话(029)81205180 81206809
印   刷 广东虎彩云印刷有限公司
规   格 787mm×1092mm 16 开
印   张 9
字   数 189 千
版   次 2021 年 4 月第 1 版
2021 年 4 月第 1 次印刷
书   号 ISBN 978-7-5369-8040-2
定   价 89.00 元

前　言

　　磁性吸波材料是指以磁性材料作为吸波剂而制备的电磁波吸波材料，在当今的军事以及民用领域都得到了广泛应用，尤其在军事方面具有重要的战略意义，已经成为影响武器装备在战场上生存能力的重要因素之一，因此很多国家都在此领域投入了大量资金进行研究。虽然磁性吸波材料研究已经取得了大量成果，但是目前仍然存在着涂层密度大、抗氧化能力差等诸多问题。

　　为了促进对磁性吸波材料的理解以及对磁性吸波涂层设计的认识，本书对磁性材料的基本原理、制备过程以及测试方法进行了介绍。第一章主要介绍了吸波涂层在五代战机、舰艇以及装甲战车上的应用，并对其在民用上的发展进行简单介绍。第二章重点对电磁波的基本理论以及吸波涂层设计中的阻抗匹配原理进行介绍。第三章对磁性材料基本物理结构进行介绍，从微观层面对其电磁损耗的机理进行分析。第四章介绍了目前实验室常用的电磁参数测量方法，并对各种测试方法的优缺点进行比较。第五章介绍了包括铁氧体，磁性金属微粉以及新型吸波剂等常见吸波剂，对其吸波机理进行分析。第六章介绍了高温吸波涂层常用的树脂基体，主要对聚酰亚胺树脂和硼酚醛树脂的性能以及制备方法进行了介绍。第七章为编者结合自己的研究成果介绍了羰基铁粉抗氧化性能的改进，分别介绍了金属包覆、Fe_3O_4 包覆以及 SiO_2 包覆等形成的核壳结构吸波剂，并对其电磁性能以及抗氧化性能进行对比分析。

　　通过以上内容的介绍，希望读者能够对磁性吸波材料有初步认识，并对其吸波机理有所理解，对目前存在的问题进行思考并能提出自己的见解。本书可用于材料学相关专业本科生教学参考。尺有所短，寸有所长，书中不免有不足与疏漏之处，恳请读者批评指正。

周影影

2021 年 2 月

目 录

第1章 概 述

1.1 简介

伴随着信息化以及人工智能的发展,电磁波作为信息传播的重要载体,已经深入到生活的各个方面,电子产品广泛应用于国民经济以及生活的各个领域,如电视、电话、微波通信等都离不开电磁波的信息传输。利用电磁波的热效应发明了微波炉、行波感应加热器、单模谐振腔加热器等加热设备。利用电磁波在不同介质中的传播规律,人们进行矿产资源的勘探和地震的预报。同时在医疗卫生方面也有许多重要的应用,如诊断和治疗恶性肿瘤等。

无论军事还是民用,信息的产生、传递、接收以及处理都需要以电磁波作为载体。同时,信息时代电子产品的广泛应用形成了复杂的电磁环境,也带来大量的负面影响,例如电磁干扰(EMI)、电磁信息的安全性以及电磁辐射对人体健康带来的危害等。

隐身技术又称为吸波技术或者"低可探测技术",指通过弱化呈现目标存在的雷达、红外、声波和光学等信号特征,最大限度降低探测系统发现和识别目标能力的技术。隐身技术利用吸波材料的介电性或磁性减少入射电磁波的反射,吸收入射电磁波的能量,或通过材料的电磁损耗将其能量转化为热能或者其他形式的能量从而耗散掉,达到减少雷达电磁波反射截面或保护线路重要元件的目的。隐身技术作为当今世界三大军事尖端技术之一,是一门涉及诸多学科的综合技术,如空气动力学、材料科学、电子学等。它的应用标志着一个国家的现代国防技术水平,是现代战争取胜的决定性因素,具有划时代的意义。

目前吸波材料的主要类型有:涂片型吸波材料、贴片型吸波材料、泡沫型吸波材料、吸波腻子和吸波复合材料等。从成分上讲吸波材料的主要组分包括吸波剂和基体材料,吸波剂提供吸波性能,基体材料提供粘贴或承载性能。按照吸波剂的不同可以将吸波材料分为电损耗型和磁损耗型吸波材料两种。电损耗型吸波材料主要通过介质的电子极化、离子极化或界面极化来吸收和/或衰减电磁波,如钛酸钡类。磁性吸波材料主要通过材料的磁损耗使入射电磁波的能量转化为热能或其他形式的能量而耗散掉。磁损耗主要通过磁滞损耗、磁畴共振和后效损耗等磁极化机制来吸收和(或)衰减电磁波。

1.2 隐身材料在军工领域的应用

隐身技术是信息化战争中实现信息获取与反获取,夺取战争主动权的重要技术手段,也是在攻防对抗中取得战略、战术和技术优势的重要内容,更是新一代武器装备的显著技术特征。隐身性能已成为现代主战武器装备的重要技术指标之一,是军队战斗力的可靠保障。随着信息技术的飞速发展和战场环境的复杂变化,隐身武器的出现改变了现在的战争模式,成为了战争中决定胜负的一个重要因素。

1.2.1 各国隐身飞机发展现况

在现代战场上,如何保存自己、消灭敌人始终是决定胜败的关键,人们苦苦追寻"障眼法"和"隐身术"来提高自己在战场上的生存机会。早在第二次世界大战期间,德国人就用雷达吸波涂料涂覆在飞机机翼前缘和雷达的通气管升降装置上,从此,拉开了隐身技术发展的序幕。隐身技术已经与星球大战、核技术被美国列为国防的三大高科技领域。

在近几次世界范围的局部战争中,以美国为首的西方发达国家,依靠隐身飞机对其敌国发动袭击,几乎次次得手,取得了惊人的作战效果。隐身飞机逐渐成为出其不意、克敌制胜的法宝。隐身飞机的出现是对各种防空探测系统和防空武器系统的严峻挑战,也是电子战领域的一大突破,必将对军用航空装备和空中作战方式产生重大影响。在未来高科技局部战争中,敌方的隐身飞机有可能对我国构成严重的威胁,研究隐身飞机一方面有助于发展我国自己的隐身飞机事业,另一方面,也可以寻找隐身飞机的"软肋",以己之长克敌之短。

(1)美国的隐身飞机

在军用目标的隐身技术研究方面,美国起步最早、投资最多、收效也最大。20 世纪50 年代,美国就开始对多种型号的侦察机采用各种隐身技术以降低其对雷达波的反射面,这被认为是反雷达技术的初始阶段。1955 年由洛克希德(Lockheed Martin) 公司生产的第一架 U-2 型高空侦察机被认为是最早的"准隐形飞机",而第一架真正的隐形飞机则是该公司研制和生产的SR-71"黑鸟"战略侦察机,该飞机在外形的设计以及吸波材料的应用上,都采用了一系列综合性隐身技术。

如图 1.2-1 所示,SR-71"黑鸟"战略侦察机在外形上首次采用翼身融合技术,垂直尾翼采用向内倾斜的双垂尾结构,能够减小它与机身和水平安定面构成的两面角效应。该机在机翼前后缘、边条、升降副翼等部位都采用了塑料蜂窝结构的雷达吸波材料。

20 世纪 80 年代,里根政府开始执行"黑色"计划,最著名的就是该公司生产的 F-117 战斗机。在美国的三代隐身飞机中,F-117(如图 1.2-2)作为第一代隐身飞机,采用减少雷达截面作为降低易受攻击性的主要手段,在 F-117 的设计中,外形设计与隐身设计紧密联系,它采用了独特的钻石型结构外形,完全没有圆弧的表面,整个机体全部用平面构成。并且采用了各种吸波和透波材料,有效雷达截面为 $0.01\sim0.025\ m^2$。

F-117A 在隔断和分散雷达波方面取得了巨大成功,但为了达到隐形目的,F-117A不得不牺牲了 30% 的引擎效率,并采用了一对高展弦比的机翼,这严重限制了飞机的飞行性能。由于 F-117A 主要靠棱角外形反射雷达波,在进攻前需要定制速度路线和角度,一旦有所改变,隐形便会失效。同时,其复杂的外形更给飞机维修人员带来了极大的不便,尤其遇到阴雨天时,其表面的吸波材料也将会受到严重影响。从 2006 年末开始到

图 1.2-1 SR-71 侦察机

图 1.2-2 F-117 隐形飞机

2008年,F-117A逐渐退出了美军现役飞机的行列,被新一代隐形飞机所取代。

此外,在F-117的设计中为了对进气道和发动机进行隐身(如图1.2-3),在进气口安装了栅格吸波材料,由于栅格材料网格很密,形成很小的管道,大多数雷达波因波长过长而不能进入,此波段的能量大部分被吸收,其余雷达波通过栅格斜面向前方45°以外的方向反射。F-117的进气道栅格与飞机多面体外形相结合,有利于形成均匀的导电表面,使雷达波传播到机尾后再散射出去。

美国的第二代B-2隐形轰炸机(如图1.2-4),采用翼身融合、无尾翼的飞翼构形,机翼前缘交接于机头处,机翼后缘呈锯齿形,将低的可观测性、高的空气动力效率和大的载荷集于一身。机身机翼大量采用石墨-碳纤维复合材料和蜂窝状结构、表面有吸波涂

图 1.2-3 F-117 进气道栅格

层、发动机的喷口置于机翼上方。这种独特的外形和材料设计能够有效地躲避雷达探测，达到良好的隐形效果，使其雷达散射截面降低至 0.1 m²。B-2A 集各种高精尖技术于一体，更因隐身性能出众，在当时被誉为"航空器发展史上的一个里程碑"。但 B-2A 存在与 F-117A 同样的弱点，其表面吸波材料一旦遭到雨淋，可靠性就会大大降低。

图 1.2-4 B-2 隐形轰炸机

　　F-22 和 F-35 属于美国的第三代隐身作战飞机，F-22(如图 1.2-5)将低可观测性、高度机动性、超音速巡航、超大载重和远航程 5 个特点于一身，较好地解决了隐身外形与气动力学的矛盾，其雷达截面只有 0.5 m²，它还采用了电子欺骗、干扰和诱饵系统，以及低截获概率雷达、有源相干对消系统等主动隐身技术，使其雷达散射截面只有常规飞机的 1%。

　　F-35(如图 1.2-6)联合攻击战斗机(JSF)是美国在 21 世纪用来装备部队的全新一代轻型隐形战斗机。其蒙皮上覆盖了由洛克希德·马丁公司和 3M 公司共同研制开发的"3M"材料。这种新式的"隐身涂层"是一种用聚合材料制造的薄层，可直接粘贴覆盖

图 1.2-5　F-22 隐身作战飞机

在蒙皮上,既可以节省经费,还可以减轻飞机因喷漆而附加的重量。F-35 在很大程度上采用了 F-22 的技术成果,其雷达截面估计为 0.5 m²。

图 1.2-6　F-35 联合攻击战斗机

　　由于第一代隐身飞机进气道的栅格结构大大降低了进气道的总压恢复,减小了飞机的可用推力,因此对超音速飞机是不可取的。第三代隐身飞机 F-22 在水平和垂直方向采用双向 S 形进气道,并在管道内壁涂覆吸波涂层,能使入射雷达波能量大幅度衰减,并且使反射回波降到最低程度。中国的歼-20 隐身战斗机采用的是无附面型的层隔道超音速进气道,即 DSI 鼓包进气道,使得飞机在性能、机动性、隐身、结构和重量等方面都能获得比较好的平衡。鼓包在进气道唇口缩小了进气道截面积,减少了入射雷达波功率。入射雷达波在进气道内反复反射并且被进气道内壁的吸波涂料反复吸收,从而减缩了进气道内腔 RCS。

为了更好地对进气道和发动机进行隐身,往往是综合采用几种隐身技术。利用S形进气道,并在管道内或发动机迎风面上涂敷特定厚度的吸波涂层,结合使用针对某种特定波长的雷达吸波材料。

(2)俄罗斯的隐身飞机

2010年1月29日俄罗斯研制的第五代战斗机T-50成功首飞。这是俄罗斯航空工业在新世纪取得的重大突破,也让其成为继美国之后世界上第二个能够独立研制第五代战斗机的国家。俄罗斯第五代战斗机T-50,又称为"前线航空兵未来航空系统"(英文缩写为PAKFA),是苏联解体以来俄罗斯首次推出的全新战斗机,被俄罗斯誉为"全新一代的战斗机",具备世界上最先进战机的优异性能。

T-50是俄第五代战斗机的工厂编号,军方正式为该机命名为苏-57,于2018年开始列装部队。在隐身方面,苏-57采用了大量措施,采用翼身融合常规气动布局、修型大边条、机身与机翼平滑过渡、菱形机头、外倾全动双垂尾、内埋式机腹双弹舱、舱门边缘采用锯齿状结构、雷达吸波涂料和复合材料等。俄罗斯有关方面称T-50拥有最佳隐身性能,反射的雷达波不比一个手球反射的多。美国媒体说苏-57雷达散射截面积为0.1 m^2。

在机动性和敏捷性方面,苏-57采用的可动边条,既可起到类似于三翼面布局中的前翼作用,有利于提高飞机的抬头力矩,其附近产生的脱体涡有利于提高飞机升力,又可与翼身巧妙融合,避免像前翼那样有增大飞机雷达散射截面积的可能。苏-57还采用了可增加其机动性和敏捷性的轴对称矢量发动机。

战斗机要实现超音速巡航除了要具备良好的气动布局,还要有大推力高推重比发动机。苏-57的发动机分两个阶段配备,第一阶段即现阶段装配117S发动机。该发动机使苏-57超音速巡航速度达1.18马赫。第二阶段装配正在研制的"产品30"发动机,可进行超音速稳定盘旋和1.5马赫超音速巡航。苏-57还具备300~400 m短距离起降能力。其机载电子系统、机载武器和其他性能也十分突出。装有有源相控阵火控雷达和红外激光雷达。

(3)我国的隐身飞机

歼-20是中航工业成都飞机工业集团公司研制的一款具备高隐身性、高态势感知、高机动性等能力的隐形第五代制空战斗机,也是我国研制的最新一代(欧美的旧标准为第四代,新标准以及俄罗斯标准为第五代)双发重型隐形战斗机,如图1.2-7。歼-20隐身飞机采用了斜侧而简洁的菱形机头和上下表面非常直的机身,整机线条平直,没有复杂的曲线起伏,这些都是非常明显的隐身特征,这样可以大大减少不连续平面带来的雷达反射。

此外歼-20采用了单座、双发、全动双垂尾、DSI鼓包式进气道、上反鸭翼带尖拱边条的鸭式气动布局。机头、机身呈菱形,垂直尾翼向外倾斜,起落架舱门为锯齿边设计,机身以深黑色涂装,而歼-20采用类似于F22的高亮银灰色涂装。侧弹舱采用创新结构,可将导弹发射挂架预先封闭于外侧,同时配备中国国内最先进的新型格斗导弹。

2011年1月11日歼-20在成都实现首飞。2013年歼-20带弹试飞,根据带弹试飞照片可知,歼-20的两侧弹仓各自携带1枚导弹,而主弹舱则能够携带4枚导弹。歼-20装有外挂点,可在牺牲隐身能力的情况下加大带弹量。在歼敌过程中,歼-20可以用机载空对空导弹攻击敌机。2016 年 11 月,在中国国际航空航天博览会(中国航展)上进行飞行展示,这是中国自主研制的新一代隐身战斗机首次公开亮相。2018 年开始列装空军作战部队。

图 1.2-7 歼-20 隐身战机

1.2.2 装甲战车隐身技术

自从 20 世纪 90 年代起,毫米波灵巧弹药研究引起各国的兴趣,各种精确制导反坦克武器和先进探测技术的发展,使坦克车辆同时面临雷达、可见光、红外和激光等多种侦察装备及智能兵器的威胁,低可见度(Low Observable,LO)材料与技术已经成为提高装甲战车生存力、战斗力的重要手段。

坦克作为地面装备的作战主力,和飞行器的作战环境有很大不同,飞行器主要以天空为背景,没有强的杂波干扰;而坦克则在很强的地物杂波背景环境中作战,因此,现代隐身飞机的 RCS(Radar Cross Section)都在百分之几平方米的量级,而坦克在平方米量级就可以隐身了。

传统的坦克设计师并没有考虑控制和减小雷达回波,因此坦克上存在众多的散射中心,特别是角反射器(包括方三角反射器和直二面角反射器),这是坦克 RCS 的主要来源;其次是垂直雷达威胁方向的车体表面、炮塔表面以及外露部件表面形成的 RCS 尖峰;炮管是坦克上最长的圆柱体,它对坦克整体 RCS 的影响不能忽视。

目前大部分设计观点认为,通过减小坦克装甲车辆的外形尺寸、降低车高和炮塔尺寸,可以减小暴露给敌人的目标面积,从而缩小被敌人探测器发现的距离,以此来实现雷达隐身。例如,博福斯公司为瑞典陆军生产的 S 坦克:车体呈船形,外形低矮,采用顶置式火炮,至车体顶部 1.9 m 高,至指挥塔顶部 2.14 m 高。这种设计使坦克正面面积减少50% 以上,降低了中弹率,具有较高的战场生存能力。英国的"武士 2000"步兵战车(如图

1.2-8)、法国 AMX-30B2DFC 坦克都装有向车身内倾的侧面裙板,可以将雷达波反射至地面,大大降低被雷达探测到的几率。

图 1.2-8　英国"武士 2000"步兵战车

隐身外形设计只能散射 30% 左右的雷达波,要进一步提高雷达隐身效果,应在坦克装甲车辆的设计制造中使用吸波材料。目前国外广泛应用的吸波材料主要有铁氧体、石墨和碳黑等。使用吸波材料可显著提高坦克装甲车辆的雷达隐身效果。美国研制出的"超黑粉"纳米吸波材料对雷达波的吸收率高达 99%。正在开发的吸波材料有视黄基席夫碱盐、含氰酸盐、晶须和导电聚苯胺透明吸波材料、新型吸波塑料、等离子体吸波涂料等涂层型吸波材料。

法国 AMX-30B 坦克旋转炮塔及潜望镜外壳采用了更具创新的设计(如图 1.2-9),它没有采用圆形或椭圆形,而是采用了多面体外形,同时其坦克炮的炮管也采用了非直角的平面外形,AMX-30DFC 隐身坦克则在车身涂有特别设计的雷达波吸收材料,炮塔和底盘在形状设计上也尽力将雷达信号反射降至最低。经测试,AMX-30DFC 在战场环境下,即使对方采用在 8~12μm 波段工作的热能装置、雷达以及毫米波装置,都很难被探测到。

图 1.2-9　法国"AMX-30"坦克

1.2.3　船舰隐身技术

隐身船舰包括隐身舰艇和潜艇,以及一些采用部分隐身技术的各隐身船舰,船舰隐身的实质就是通过采取综合措施,消除或削弱水面舰船水面航行时所伴随的暴露特征。

船舰目标大而且结构和形状复杂,其隐身技术相比飞机和导弹,具有更大的难度。目前来说,利用吸波材料降低敌方探测雷达的散射回波已经成为船舰隐身广泛采用的技术之一。英国推出多种船舰用的挂片和隐身涂料;日本的 TDK、NEC 等公司,美国的波音、洛克希德、Emerson-Cuming 公司等已经生产出多种吸收雷达波的隐身涂料。我国经过多年的科技攻关,研制出的吸波涂料也已成功应用于潜艇指挥台围壳、水面舰艇两舷以及天线桅杆等部位。

(1) 水面舰艇的雷达隐身技术

目前水面舰艇的雷达隐身技术研究集中在以下 3 个方面:

1) 外形设计

在战争中,由于舰体和舰载火炮、导弹武器等上层建筑全部暴露在电子武器的照射之下,因此成为了对方火力摧毁的首要目标。水面舰艇外形设计应避免采用垂直或近似垂直的截面,需要减少电磁波的有效反射面积和反射强度。使照射的入射波避免在舰艇外表产生较强的镜面反射,减小在入射方向上返回的电磁波能量,达到隐身的目的。法国的"拉斐特"级护卫舰、以色列的"埃拉特"级护卫舰、英国的 23 型护卫舰和"海魂"护卫舰,以及瑞典的"维斯比"新型护卫舰在舰体和舱面上层建筑方面均采用先进的外形技术,是比较新颖的水面舰艇设计。

"维斯比"级导弹护卫舰最傲视群雄的地方就在于它的超强"隐身"性(如图 1.2-10)。为了达到"隐身"的目的,"维斯比"的舰体、上层建筑和武器系统都采用了隐身技术。其上层建筑采用碳纤维增强化塑料和雷达吸波材料制造,武器系统隐藏在舰体内。炮塔前端的锐利三角锥体构形好像是从 F-117 隐形战斗机的首部切割下来后搁在甲板上一样。这种构形设计大大增强了炮塔和全艇的隐身性能。"维斯比"的主机被隔音罩围起来,基座上装有弹性机座,以降低辐射到水中的噪音;推进系统不用螺旋桨,而使用两台喷水推进装置,也就没有了螺旋桨产生的空泡噪声。通常在舰艇辐射的各种热源中,最强的热源是主机工作时排放的热气,而烟囱是最大的红外线放射源。但"维斯比"没有这方面的烦恼。因为它没有烟囱,排气经冷却后从舰艉的出口处直接排入海水中,所以舰内从底部机舱直到上层建筑不必设置排气管道。这样的话,它就能够较好地降低光学和红外信号、水声信号、水下电磁信号和雷达截面积等信号特征,大大减小被敌发现的概率。另一个值得注意的地方就是其舰壳的设计,出于隐身的要求,船体外表面处理得很光滑,没有尖锐的角,而且所有不必露在外面的设备都隐藏在舰舱内。舰壳采用了夹层结构,填充物是碳纤维等复合材料,既有强度,又实现了低重量、低雷达信号和低磁性等特点,非常适合隐身、反潜和扫雷等作战任务的需要。

图 1.2 - 10 "维斯比"隐身护卫舰

2) 复合材料技术

水面舰体及其上层建筑需要采用耐火型复合材料,用以替换传统的钢或铝结构,能有效地减少雷达信号。复合材料的应用范围具体包括上层建筑、烟囱、桅杆及舰体结构。

此外,采用涂覆型吸波材料或者结构型透波材料等辅助措施,也是提高水面舰艇隐身性能的有效方法。吸波材料能够大量地吸收和衰减由空间入射而来的电磁波能量,使反射波减小或基本消除,一般要求其具有耐老化、电磁性能稳定、能适应不同环境条件变化等特点。

(2) 潜艇隐身技术

雷达隐身对于潜艇来说,虽没有像水面舰艇那样重要,但也是隐身的一个方面,目前,雷达仍是发现潜艇,特别是常规潜艇的重要手段,而且是反舰导弹最主要的制导方式。潜望镜、警戒雷达、侦察雷达、无线电及定向天线等经常伸出水面,使潜艇在水面出现了相当数量的雷达波反射体,又由于这些伸出水面的设备呈圆柱形,使雷达波在各种舷角下有效反射截面大致恒定,反射波比较集中,在雷达荧光屏上将出现稳而亮的显示。机载或舰载的专用合成孔径雷达能轻易地发现潜艇的潜望镜、通气管和各种雷达天线,海上巡逻机的现代潜望镜搜索雷达,能在超过 100 h/mile 的距离内,甚至在恶劣天气下探测到潜艇的通气管或潜望镜。对一艘巡航的现代常规潜艇来讲,电池每次充电时间约需 30 min,每天充电一两次。第二次世界大战期间,德国和美国潜艇部队都是在夜间浮出水面进行电池的充电,以防止被巡逻飞机发现。但是,雷达的出现破坏了夜色对潜艇充电的掩护。因而,防雷达波探测已成为潜艇的一项极为重要的隐身指标(如图 1.2 - 11)。

潜艇隐身的主要技术难点如下:①雷达截面控制总体概念研究。②潜艇上层建筑、指挥台围壳、升降装置的隐身外形实用方法、设计原则研究。③新型吸波材料,包括具有吸波特性和光隐身性能的水线以上潜艇表面油漆的研究。④模拟实验方法和相似准则研究。⑤雷达截面散射特性理论计算方法研究。

图 1.2−11 潜艇以及露出水面的桅杆

1.3 隐身材料在民用产品上的应用

隐身材料在民用产品上的应用也相当广泛,如人体防护、微波暗室消除设备、通信与导航系统的电磁干扰、安全信息保密等许多方面。

1.3.1 环境电磁辐射来源

(1) 天然电磁环境

太阳以电磁波的形式不停地向外辐射能量。从波谱角度来看,来自太阳的电磁波范围包括波长小于 10^{-3} nm 的高能 γ 射线一直到波长大于 10^2 m 的低频无线电长波,几乎覆盖了全部电磁波谱。人类在内的一切生物都生活在地磁场中,并慢慢适应着地磁场的作用。人们由于长期受地磁场的作用,一旦处于"电磁真空"的环境下就会不适应,将受到"电磁饥饿"的危害。科学家们发现长期在太空生活的宇航员返回地面后身体都较虚弱,其中部分原因是脱离了地磁场环境所致,于是专门设计了一种电磁环境,让返回地球的虚弱的宇航员进去,通过短时间的训练即可基本康复。

(2) 人为电磁环境

20 世纪 80 年代以来,通信技术的迅猛发展,如雷达微波站、卫星地面站、移动通信基站,以及手机通讯等给人们的工作和生活带来了极大的方便,但是也给城市电磁环境带来新的问题。

随着电力系统的不断发展,电网容量逐渐增大,电压等级逐渐提高。我国目前的变电站等级最高达到 750 kV,这种高电压、大容量的变电站的电磁环境相对于低电压等级(220 kV)变电站的电磁环境更为恶劣。影响电磁环境的电力系统骚扰源主要有:高压隔离开关和断路器的操作而产生暂态过电压;电源本身的电压暂降、中断、不平衡、谐波和频率变化;高压架空输电线导线表面的高场强造成电晕放电及其附近的工频电场和工频磁场;变电站二次回路的开关操作而产生的暂态电压等。

工业、科研、医疗技术中使用的高频设备,如高频加热设备,短波、超短波理疗设备等,它们在工作时产生的电磁感应场和辐射场的场强很大,并偶尔发生电磁辐射泄漏,造成不同程度的辐射污染。

随着各种家用电器进入人们的生活,人们接触和暴露于由微波炉、电视机、电冰箱等家用电器产生的电磁场中的时间逐渐增多,家庭环境的电磁能量密度不断增加。研究发现,长期生活在 $0.2\ \mu T$ 以上的低频电磁场环境中,将对人体产生有害影响,表 1-1 是家庭常用电器磁感应强度值。

表 1-1　家庭常用电器磁感应强度

电器名称	距 3 cm 处	距 30 cm 处	距 1 m 处
微波炉	75～200	4～8	0.25～0.6
电视机	2.5～50	0.04～2	0.01～0.15
洗衣机	0.8～50	0.15～3	0.01～0.15
电冰箱	0.5～1.7	0.01～0.25	<0.01
电熨斗	8～30	0.12～0.3	0.01～0.25
吸尘器	200～800	2～20	0.13～2
剃须刀	15～1500	0.08～9	0.01～0.03

从表中可以看出,我们生活环境中到处都充满了电磁波,使用的电器用品如微波炉、电视机、吸尘器、电熨斗等都会放出电磁波。

1.3.2　电磁波对人体的危害

当人们在享受电磁波带给生活便利的同时也不得不接受电磁波带来的负面影响,当其作用到人体时,不同波段的电磁波会产生不同的生物效应。但从大的方面来说,电磁波的生物效应分 2 种:即电离辐射效应和非电离辐射效应。电离辐射对人体有较强的伤害作用,人们在日常生产和生活中,需要特意对它们进行防护;非电离辐射虽然对人体没有明显的伤害作用,但长时间作用所产生的累积效应也会产生潜移默化的伤害作用。

(1)电离辐射效应

一般情况下高能量波段的电磁波产生电离辐射效应,由生物学可知,人体的软组织是由细胞构成,而细胞的结构又主要由蛋白质构成,蛋白质由大量的分子所构成。当具有极高能量的电磁波对生物体进行辐射作用时,分子内的原子在高能量的激发下就会失去电子,一旦原子失去电荷,分子的化学结构就会发生变化,这种现象称为电离辐射效应。

人体软组织的细胞核中有 DNA 和 RNA 等基因物质,它们是由碱基对的各种排列控制着细胞的生存和分裂方式,这些排列就是遗传密码。在电离辐射的作用下,由于分子结构的变化,细胞的遗传密码可能会被打乱,遗传密码一旦被打乱,细胞就有可能向着无法预计的方向发展,对生物体造成损害,使其产生不同程度的病变。

同时电离辐射在人体组织内释放能量,也会导致细胞死亡或损伤。在少量剂量下,它并不能对人体造成伤害。在某些情况下,细胞并不死亡,但是变成非正常细胞,有些为暂时的,有些为永久的,那些非正常细胞甚至发展为癌变细胞。大剂量的辐射将引起大范围的细胞死亡。在小剂量的辐射下,人体或部分被辐射的器官能存活下来,但是最终导致癌症发病的几率大大增加。

受辐射损伤范围取决于辐射源的大小、受辐射时间以及受辐射组织的面积和特性。受到低剂量或中等剂量辐射的伤害并不能在几个月甚至是几年中显示出来。例如,因辐射引起的白血病,受辐射发病的潜伏期为 2 年,肿瘤潜伏期为 5 年。辐射后产生的病变与发病的几率取决于受辐射的类型(如慢性辐射、急性辐射)。同时,因辐射诱发的癌症及人体基因的损伤与其他因素无显著差别。其中,慢性辐射在长时间内断断续续地暴露在低水平剂量的辐射环境下,慢性辐射产生的作用,只有在辐射后的一段时间后,才可能被察觉。这种作用包括:DNA 变异、诱发癌症、良性肿瘤、白内障、皮肤癌、先天性缺陷等。急性辐射是在很短的时间内受到大剂量的辐射,大剂量的辐射一般由放射事故或是在特殊的医疗过程中产生的。在大多数情况下,大剂量的急性辐射能引起立即损伤,并产生慢性损害。对于人体,大剂量能引起急性放射病,如大面积出血、细菌感染、贫血、内分泌失调等,后期效应可能引起白内障、癌症、DNA 变异等。

(2)非电离辐射

低能量电磁波对人体往往产生的是非电离辐射效应,非电离辐射作用又分为热效应和非热效应两类。在人体组织内 70% 是水,所含各种组织、细胞、体液等均是由大量的分子、离子所组成。分子可分为极性分子和非极性分子,当电磁波作用到生物组织时,受到了外加电磁场的作用,将发生以下 2 种机制的热效应。

首先是欧姆加热效应,其加热原理是电流流经电阻时电阻生热的原理。当人体内部的自由电子、离子沿电场、磁场力的方向运动,引起定向传导电流或局部涡旋电流,这些电流与生物组织的电阻抗相互作用,产生欧姆加热效应。其次为波动能量加热效应,其加热原理为物体之间摩擦生热。极性分子则在交变电磁场的作用下随其频率作振动,原来为非极性的分子因为电磁场的作用变成极化分子,也随电磁场的频率作振动,结果使分子内能增加,即产生波动能量加热效应。无论是电子、离子的定向或涡旋运动还是极化分子的高频振动,都要加剧离子间的摩擦、极化分子之间的摩擦以及离子与极化分子的相互摩擦,这些摩擦都会产生热效应。

电磁波不仅对生物的表面组织有加热效应,对其内部组织也会有影响。电磁波对生物组织的加热深度又称为穿透深度,它指波动能量加热效应的加热深度,是衡量电磁波加热能力的一项重要指标。电磁波在进入生物组织媒质时被吸收而衰减,并且在不同性质的生物组织媒质的界面处产生反射和折射。在此过程当中,电磁波在媒质中不断损失能量,被组织所吸收,产生热量,使组织温度升高。因此电磁波对生物组织加热的过程,就是自身能量和强度不断损失的过程。

研究表明电磁波对人体组织的加热深度通常与以下几个因素有关,首先是电磁波的频率,电磁波对生物组织的穿透深度与频率有密切关系,其频率越高,波长越短,在传播过程中其波动能量热效应越显著,越容易被生物组织所吸收,其强度衰减越厉害,穿透深度越浅。其次是生物组织的性质,同一频率和功率的电磁波,对不同的生物组织的穿透深度也不相同。含水量多的生物组织,更容易吸收电磁波能量将其转换成热能,电磁波强度衰减较快,穿透深度较小。肌肉与脂肪和其他生物组织相比含水量较多,电磁波在其内部传播时,强度衰减较快,穿透深度较浅。

非辐射效应中的另外一种便是非热效应,电磁波的非热效应主要包括对神经肌肉的刺激作用和其他生物物理效应。电磁波对神经、肌肉产生刺激的原因是当有电流流过神经、肌肉中的兴奋细胞,并使细胞膜内外电位差达到或超过阈值时,即产生兴奋现象。这种兴奋现象,在神经中表现为刺激信号,在肌肉中则表现为使之收缩。由于细胞膜主要呈电容特性,在高频电磁场作用时阻抗降低,同样电流所产生的膜内外电位差比低频电流产生的电位差要小的多。为此,对于其中的第一种刺激作用,随电磁波频率的升高成反比例减小,大体上,低频时 $1\ mA/cm^2$ 的电流密度即可产生兴奋刺激作用,当频率超过 $1\ kHz$ 时,则较难激起兴奋,例如频率为 $1\ MHz$ 时,电流密度需达 $1\ A/cm^2$ 才能引起兴奋。

人体的器官和组织本身都存在微弱的电磁场,它们是稳定和有序的,当受到外界电磁波的干扰时,所产生的热效应或非热效应作用于人体后,处于平衡状态的微弱电磁场即遭到破坏,人体正常循环机能就会遭受一定程度的破坏。如果外界电磁波的干扰经短时间的作用后及时消除,人体组织内所存在的微弱电磁场就会恢复稳定和有序的状态,对人体健康不会有什么影响。如果外界电磁波连续或者较频繁地重复作用于人体,所产生的热效应和非热效应对人体的伤害尚未来得及自我修复之前,再次受到电磁波辐射的话,其伤害程度就会随之发生累积,久而久之其累积效应就会诱发永久性病变。

对于长期接触电磁波辐射的群体,应当警惕积累效应对身体健康的影响。各国科学家经过长期研究证明:长期接受电磁辐射会造成人体免疫力下降、新陈代谢紊乱、记忆力减退、提前衰老、心率失常、视力下降、听力下降、血压异常、皮肤产生斑痘、粗糙,甚至导致各类癌症等;男女生殖能力下降,易引发妇女月经紊乱、流产、畸胎等。

1.3.3 电磁辐射防护织物

鉴于电磁波对人类健康的影响,为保护人体不受或少受电磁辐射的危害,人们一方面对电磁辐射源进行屏蔽,减少辐射量,另一方面研制有效的防护材料进行个体防护,电磁辐射防护织物即是其中之一。电磁辐射防护织物应具有良好的电磁屏蔽效能,即具有良好的导电性和导磁性。良好的导电性是指织物受电磁波作用时能够产生感应电流,感应电流又产生感应磁场,感应磁场的方向同外界电磁场的方向相反,从而与外界电磁场相抵消,达到对外界电磁场的屏蔽效果。较强的导磁性,能有效地起到消磁作用,使电磁能转化为其他形式的能量,由此达到吸收电磁辐射的目的。

目前电磁辐射防护织物的制备方法主要包括防电磁辐射纤维与基体纤维混纺(织)法、织物涂镀法等。其中防电磁辐射纤维与基体纤维混纺(织)法中的防电磁辐射纤维包括复合型高分子导电纤维、金属纤维、结构性导电聚合物纤维和离子化纤维等。织物涂镀方法中又包括化学镀层与金属喷镀等。

（1）防电磁辐射纤维与基体纤维混纺（织）法

将导电纤维与常规纺织纤维混纺成纱，然后采用机织或针织工艺生产出具有优良电磁屏蔽功能的织物，是最灵活有效的方法，可使织物的导电率提高数个数量级，而且织物具有较好的服用性能。例如金属纤维与棉混纺织物的电磁辐射屏蔽衰减可以达到99%以上。利用纤维导电性反射电磁波，当电磁波辐射在织物上时，织物中均匀分布的防辐射纤维将部分电磁波反射回去，减少了电磁波的透过量，织物中金属含量越多，反射能力越强，透过量越小，屏蔽作用也就越好。

① 复合型高分子导电纤维：该种纤维主要以高分子材料为主体，加入多种纳米级的导电物质（如炭黑、石墨、金属微粉、金属氧化物等）纺丝而成，功能性纳米粉体尺寸小，且在高温纺丝时热稳定性好，制得的纤维具有良好导电性和铁电性，而且纤维不失去原有的强度、延伸性、耐洗性和耐磨性。制得的材料具有成本低、寿命长、可靠性高等优点。美国开发的镀镍石墨纤维型屏蔽材料，在ABS树脂中填充20%（体积）、直径为 $7\ \mu m$ 的镀镍石墨纤维，在1000 MHz时屏蔽效能值高达80 dB。日本推出的黄铜纤维填充型屏蔽材料，当填充率为10%（体积）时，基体电阻率小于 $10\ \Omega\cdot cm$，屏蔽效果可达60 dB。

② 金属纤维：为改善防护织物的服用性能，把金属丝拉成纤维状，再同服用纤维混纺，织造成电磁辐射防护织物。织物手感好，克重取决于金属纤维的混纺比例和混纺纱的细度，防护效果和服用性能较好。金属纤维除具有良好的导电性、导热性、耐高温外，还有较高的强度。但是金属纤维和服用纤维混纺时，由于金属纤维表面摩擦系数大、比重大、抗弯刚度差、弹性回复率差、抱合力较小，导致其可纺性差，与其他纤维混纺、交织难以匀化，梳理时易打结，纺细号有困难，织物水洗后容易起皱，并且难以熨烫平整，影响织物风格，且由于金属纤维不能上色，露在纱表面的部分影响织物的外观，特别是对浅色织物的影响更大，限制了它在纺织加工中的应用。

③ 结构型导电聚合物纤维：以结构型导电聚合物作为成纤聚合物纺制防电磁辐射纤维，20世纪80年代初，日本研制出含 Cu_9S_5 导电腈纶。结构型导电聚合物是指不需要加入其他导电性物质而依靠成纤聚合物本身结构即具有导电性的物质。纤维完全由导电聚合物组成，无需加入其他材料即可导电，故其导电性优良持久。但由于这类聚合物通常为不溶、不熔性物质，或由于分子量低，热、光稳定性差，加上加工成型困难，所以要广泛应用还需进一步的探索。

④ 离子化纤维：离子化纤维是当今国际上最先进的屏蔽电磁辐射材料，它是屏蔽低、中频电磁辐射先进的民用防护材料。通过低温等离子处理，连续进行表面沉积处理来实现纤维金属化。产品以吸收为主，通过离子加速运动使得电磁辐射能变成热能散发掉，从而避免二次污染。多离子织物具有柔软舒适、色泽均匀、耐洗等特点，由其制作的防护服不仅有防护性，同时具有优良服用性。

（2）织物涂镀法

① 化学镀层织物：化学镀银织物于20世纪70年代利用银镜反应原理研制成功，产品质地轻薄、柔软透气，电磁辐射防护安全可靠。但是银的资源短缺并且价格昂贵，且化

学镀银不是自催化反应,一次只能镀一层,如果镀层厚度不能产生足够的防护,将需进行多次镀银工艺,这就限制了广泛应用的可能性。化学镀铜是自催化反应,利用反应时间和反应速度可控制镀层厚度,于是出现了化学镀铜织物。但是化学镀铜织物耐蚀性差,尤其不利于在潮湿的海洋性气候条件下使用,为此开发了化学镀镍织物。化学镀镍织物的金属镀层不是纯镍而是镍和磷的合金,磷的含量在3%～15%范围内,含磷量太多将影响防护效果。随着人们对电磁辐射防护要求的不断提高,合金镀层织物、复合镀层织物、镀铁织物和镀铅的织物相继问世。这类织物除具有电磁辐射防护功能外,还具有抗静电、防紫外线或保健功能等。

②金属喷镀织物:把金属加热熔化后,利用高压气流直接均匀地喷洒在织物表面。该工艺流程短,金属层和织物的结合牢度大于化学镀层织物。织物性能类似化学镀层织物,但喷镀均匀度直接影响电磁辐射的防护效果。现在已有了喷铅、喷铝和喷锡织物。

现在的电磁辐射防护织物防护功能还不理想,当电磁波辐射到织物上时,主要是反射、吸收和散射,还有少量透射出去。反射、散射会使环境产生二次污染。防护效果的可靠性主要取决于透射量的大小。电磁辐射防护织物今后的发展方向应当是:①减少反射,尽可能避免二次污染;②减少透射,最好透射为零,使用安全可靠;③增大吸收值,这是电磁辐射防护的主要途径。

1.3.4 手机防护

目前手机已成为人类生活不可缺少的工具。但同时手机微波辐射对受照者的不良影响也引起人们的关注,与此有关的微波生物学效应研究文献非常多,这些研究所得到的结果存在分歧,其焦点在于低强度微波辐射是否存在着有害的生物学效应。尽管观点各异,但都认为中枢神经对微波辐射最为敏感。

微波几乎是直线辐射的,它的波长、强度、辐射源的性质及与保护主体的关系决定了微波的被吸收、反射、折射、透射的情况。若被完全透射或反射,则对保护主体无过多影响。只有当微波辐射穿透组织并被吸收时,才产生生物效应。组织穿透深度与频率有关,随着频率的增加,波长变短,穿透深度也相应减低。一般来说,微波频率在20～30 GHz以上的,则在表层吸收;1～3 GHz的微波可在浅层吸收;1 GHz以下的微波可穿过组织深层被吸收。手机微波正是能穿过组织深层被吸收的频段。如果在手机与保护主体之间设置一道800～1000 MHz的微波屏障,就可以阻隔微波进入人的大脑。

在微波源与保护主体之间设置一道隔离层,隔离层的设置与发射源及天线相适应,并且避免对通信信号的影响。通过隔离层的作用,保护区域的微波辐射功率密度达到安全值。微波隔离层由微波反射材料和微波吸收材料复合而成。反射材料由电阻率较低的金属薄膜丝网组成,吸收材料则由胶黏剂和石墨组成。将复合材料制成薄膜,涂敷于保护主体与微波发源之间,如图1.3-1所示,在手机表面的听筒和屏幕外的区域进行吸波涂层以及微波反射涂层的粘贴或者涂敷,并在手机屏幕上方进行吸波薄膜的沉积,控制薄膜厚度使其在减少电磁辐射的同时不影响视觉效果。

在目前手机的辐射防护不够好的情况下,建议可以采取以下的防护措施。

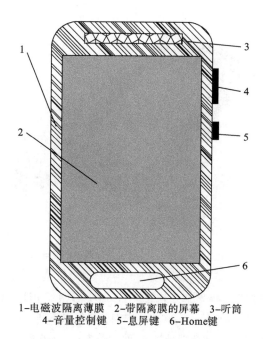

1-电磁波隔离薄膜 2-带隔离膜的屏幕 3-听筒
4-音量控制键 5-息屏键 6-Home键

图1.3-1 手机电磁防护涂层

①手机在联络期发射功率较大,接通后的通话期发射功率较小,因此应在接通后再将手机靠近头部(辐射强度与距离的平方成反比)。

②尽量减少手机的通话时间和使用次数。手机接收较强基站信号时发射功率弱,尽量在此条件下通话,以减少所受的辐射量。

③长期使用手机时应交换左右方位,防止辐射量在一侧过大。

1.3.5 吸波材料在无线射频识别技术中的应用

RFID无线射频识别技术是一项先进的、自动的非接触式识别和数据采集技术。它在物流、交通和门禁等很多领域得到了广泛应用,对改善人们生活质量、提高物流效率、加强企业管理智能化等方面产生了重要影响。RFID系统的工作原理如下:阅读器将要发送的信息经过编码后加载到某一频率的载波信号上,并经天线向外发送,进入阅读器工作区域的电子标签接收此脉冲信号,卡内芯片中的有关电路对此信号进行调制、解码、解密。控制逻辑电路则从存储器中读取有关信息,经加密、编码、调制后通过卡内天线再发送给阅读器,阅读器对接收到的信号进行解调、解码、解密后送至中央信息系统进行有关数据处理。图1.3-2为RFID手持设备读取身份证信息的过程,该设备目前被广泛地使用于各火车站、汽车站等人流密集的公共交通区域,由于其具有方便快捷的特点,给人们的生活带来了极大的方便。

RFID系统运行的关键是需要保障无线识别通信顺利进行。除读卡器方面本身可能遇到干扰问题外,电子标签由于需要同各类不同类型部件集成或贴合,情况更为复杂,遇

图 1.3-2　RFID 手持设备读取身份证信息

到的问题也比较多。

　　RFID 电子标签按工作频率来分有低频 125 kHz、134.2 kHz，高频 13.56 MHz，超高频 860～930 MHz，2.45 GHz，5.8 GHz，它们各自特点不同，应用范围也有差别。低频系统特点是电子标签内保存的数据量较少，阅读距离短，电子标签外形多样，阅读天线方向性不强等。主要在短距离、低成本的应用中使用，如多数的门禁控制、校园卡、煤气表、水表等，如图 1.3-3 所示；高频 13.56 MHz 系统则用于需传送大量数据的应用系统；超高频系统的特点是阅读距离较远（可达十几米），但电子标签及阅读器成本均相对较高，主要用于需要较长的读写距离和高读写速度的场合，如火车监控、高速公路收费、物流及资产管理等系统中。

图 1.3-3　低频回形电子标签

　　13.56 MHz 的高频 RFID 技术由于性能稳定、价格合理，此外其读取距离范围和实际应用的距离范围相匹配，因而在公交卡、手机支付方面得到广泛应用。

　　然而，随着 RFID 的应用日渐广泛，其干扰问题越来越突出。其问题主要表现在 2 个方面：识别距离远低于设计距离；读卡器和电子标签不响应，读取失败。在实际的高频

RFID 电子标签应用中,我们需要着重考虑电子标签的贴合位置,由于标签尺寸较大,而实际允许的空间有限等原因,电子标签需要直接贴附在金属表面上或同金属器件相邻近的位置,如手机用的 13.56 MHz 的 RFID 智能标签,因为空间问题,就经常直接集成在电池铝合金冲压外壳上,在这种情况下,识别过程中,电子标签易受电池铝合金外壳的涡流干扰,致使 RFID 标签的实际有效读取距离大大缩短或者不响应,读取彻底失败。实践证明这类干扰问题经常发生,因此需要我们采取一定的措施进行预防。RFID 电磁吸波材料具有高的磁导率,可以起到聚束磁通量的作用,可以为此类干扰问题提供有效的解决方案。对于常规的高频 RFID 电子标签及识别系统,在自由空间中没有其他干扰源的情况下,其发生读取失效的概率很小。在手机等手持式电子设备中,电子标签要集成或贴合到电子设备上,作为设备的一个部件发挥功能,往往因为空间有限,贴在金属等导电物体表面或贴在邻近位置有金属器件的地方。这样一来,标签在读卡器发出的信号作用下激发感应出的交变电磁场很容易受到金属的涡流衰减作用而使信号强度大大减弱,导致读取过程失败。其作用过程大致如图 1.3 - 4 所示:如果电子标签贴在金属层表面,当标签接收到读卡器发出的电磁信号时,自身激发产生一个感应的交变磁通。由于天线标签与金属表面很近,此交变电磁信号(磁通)必然会流经金属层,在金属表面及一定的趋肤深度区域内产生一个感应电磁涡流区域,该涡流同原电磁标签感应磁通方向相反,削弱原来的磁通量,从而减弱标签的电磁读取敏感度,读取距离大大降低;严重时无论读卡器与电子标签距离多近都无法识别,这就是大家常提到的金属干扰问题。而吸波材料可以为 RFID 标签的金属干扰问题提供一种有效的解决方案。

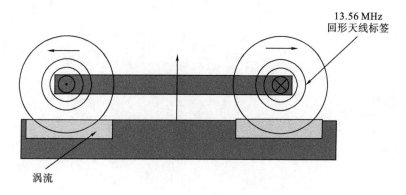

图 1.3 - 4 交变磁通作用于金属产生感生涡流过程

从图 1.3 - 5 可以看出,在 RFID 标签和金属之间使用一层吸波薄膜材料(通常厚度在 0.1～0.5 mm 之间),由于吸波材料具有优良磁性能,磁导率高,损耗小,为磁力线提供了有效的途径,这样大量的磁通可以顺利流经吸波材料,而仅有极小部分残余磁通流经金属表面,产生涡流热效应。这样,大量的磁力线可以沿着吸波材料内部通过,减少了感生磁通流经金属表面的比例,从而有效地改善了 RFID 的读取特性。

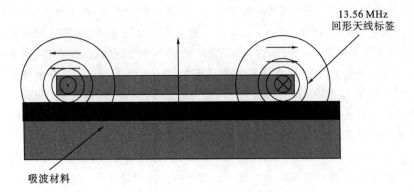

图 1.3 - 5 吸波片的改善作用

第2章 电磁波理论及吸波材料设计

2.1 电磁场基本方程

2.1.1 麦克斯韦方程组

麦克斯韦方程组是经典电磁理论的核心,是研究一切宏观电磁现象和工程电磁问题的理论基础。麦克斯韦方程组是英国物理学家 J. C. 麦克斯韦(1831—1879 年)于 1873年提出并建立的。方程组全面地概括了此前电磁学实验和理论研究的全部成果,用数学的方法揭示了电场与磁场、场与场源以及场与介质之间的相互关系和变化规律,并且预言了电磁波的存在。

若用 r 表示三维空间位置矢量,t 表示时间变量,麦克斯韦方程组的微分形式可以表示为:

$$\nabla \times \boldsymbol{H}(\boldsymbol{r},t) = \boldsymbol{J}(\boldsymbol{r},t) + \frac{\partial \boldsymbol{D}(\boldsymbol{r},t)}{\partial t} \tag{2.1.1-1a}$$

$$\nabla \times \boldsymbol{E}(\boldsymbol{r},t) = -\frac{\partial \boldsymbol{B}(\boldsymbol{r},t)}{\partial t} \tag{2.1.1-1b}$$

$$\nabla \cdot \boldsymbol{B}(\boldsymbol{r},t) = 0 \tag{2.1.1-1c}$$

$$\nabla \cdot \boldsymbol{D}(\boldsymbol{r},t) = \rho(\boldsymbol{r},t) \tag{2.1.1-1d}$$

其中 $\boldsymbol{H}(\boldsymbol{r},t)$ 表示磁场强度矢量,$\boldsymbol{E}(\boldsymbol{r},t)$ 表示电场强度矢量,$\boldsymbol{D}(\boldsymbol{r},t)$ 表示电位移矢量,$\boldsymbol{B}(\boldsymbol{r},t)$ 表示磁感应强度矢量,$\boldsymbol{J}(\boldsymbol{r},t)$ 表示电流密度矢量,$\rho(\boldsymbol{r},t)$ 表示电荷密度。

式(2.1.1-1a)称作全电流安培定律,它揭示了磁场与其场源的关系。$\boldsymbol{J}$ 是自由电子在导电媒质中运动形成的传导电流或在真空、气体中运动形成的运动电流,即真实带电粒子的运动而形成的电流。这些电流可以是外加的电流源,也可以是电场在导电媒质中引起的感应电流。$\partial \boldsymbol{D}(\boldsymbol{r},t)/\partial t$ 称作位移电流,其本质是时变电场随时间的变化率。位移电流没有传统意义上电流的概念,只是在产生磁效应方面与一般电流等效。然而,位移电流的引入正是麦克斯韦对电磁理论的重要贡献之一,它表明时变电场可以产生磁场,并由此预言了电磁波的存在和时变电磁场的波动性。

式(2.1.1-1b)称作电磁感应定律,是麦克斯韦对法拉第电磁感应定律进行的推广,它从理论上反映了随时间变化的磁场能够产生电场的事实。式(2.1.1-1c)称作磁通连续性原理,此式子说明自然界不存在磁荷,磁力线必然是无头无尾的闭合线。式(2.1.1-1d)称作高斯定律,它表明电荷是产生电场的场源之一。式(2.1.1-1a)~式(2.1.1-1d)的积分形式麦克斯韦方程组可以表示为:

$$\oint_c \boldsymbol{H} \cdot dl = \int_s (\boldsymbol{J} + \frac{\partial \boldsymbol{D}}{\partial t}) \cdot \mathrm{d}s \qquad (2.1.1-2a)$$

$$\oint_c \boldsymbol{E} \cdot dl = -\int_s (\boldsymbol{J} + \frac{\partial \boldsymbol{B}}{\partial t}) \cdot \mathrm{d}s \qquad (2.1.1-2b)$$

$$\oint_s \boldsymbol{B} \cdot \mathrm{d}s = 0 \qquad (2.1.1-2c)$$

$$\oint_s \boldsymbol{D} \cdot \mathrm{d}s = Q \qquad (2.1.1-2d)$$

在麦克斯韦方程组中,各个方程并不是完全独立的,也就是说上述各式是非限定形式的。如果要使麦克斯韦方程组具有限定的形式,则需要引入场量与媒质特性之间的关系,这些关系被称作电磁场本构关系。在各向同性线性媒质中,本构关系为:

$$\boldsymbol{D}(\boldsymbol{r},t) = \varepsilon \boldsymbol{E}(\boldsymbol{r},t) \qquad (2.1.1-3)$$

$$\boldsymbol{B}(\boldsymbol{r},t) = \mu \boldsymbol{H}(\boldsymbol{r},t) \qquad (2.1.1-4)$$

$$\boldsymbol{J}(\boldsymbol{r},t) = \sigma \boldsymbol{E}(\boldsymbol{r},t) \qquad (2.1.1-5)$$

在上式中,$\varepsilon = \varepsilon_r \varepsilon_0$,$\mu = \mu_r \mu_0$,$\varepsilon_0 = 8.854 \times 10^{-12} (\mathrm{F/m})$,$\mu_0 = 1.257 \times 10^{-6} (\mathrm{H/m})$,他们分别为真空介电常数和磁导率。$\varepsilon_r$,$\mu_r$分别为媒质的相对介电常数和相对磁导率。

利用本构关系,得到仅含有场量 $\boldsymbol{E}(\boldsymbol{r},t)$ 和 $\boldsymbol{H}(\boldsymbol{r},t)$ 的麦克斯韦方程组如下:

$$\nabla \times \boldsymbol{H}(\boldsymbol{r},t) = \sigma \boldsymbol{E}(\boldsymbol{r},t) + \varepsilon \cdot \frac{\partial \boldsymbol{E}(\boldsymbol{r},t)}{\partial t} \qquad (2.1.1-6a)$$

$$\nabla \times \boldsymbol{E}(\boldsymbol{r},t) = -\sigma \cdot \frac{\partial \boldsymbol{H}(\boldsymbol{r},t)}{\partial t} \qquad (2.1.1-6b)$$

$$\nabla \cdot \boldsymbol{H}(\boldsymbol{r},t) = 0 \qquad (2.1.1-6c)$$

$$\nabla \cdot \boldsymbol{E}(\boldsymbol{r},t) = \frac{\rho(\boldsymbol{r},t)}{\varepsilon} \qquad (2.1.1-6d)$$

2.1.2 平面电磁波基本方程

麦克斯韦方程表明,在无源($\rho = 0$,$\boldsymbol{J} = 0$)空间中,时变电磁场成为有旋无散场,电力线和磁力线均是无头无尾的闭合线。而且电场和磁场互相垂直交连,互相激励,在空间形成电磁波,电磁能量以波的形式向前传播。

根据等相位面(或称波前面)的形状,电磁波分为平面波、球面波或柱面波。其中平面波是结构最简单的电磁波,它的等相位面与波的传输方向垂直,其他形式的电磁波可以由平面波叠加而成。如果平面波电场的振幅和方向在等相位面上处处相同,则称为均匀平面波。了解和掌握平面波的基本性质与传输特性是理解电磁波理论的基础。

(1) 理想介质空间的平面电磁波

在无源的理想介质空间($\rho = 0$,$\boldsymbol{J} = 0$),麦克斯韦方程简化为:

$$\nabla \times \boldsymbol{H}(\boldsymbol{r},t) = \varepsilon \cdot \frac{\partial \boldsymbol{E}(\boldsymbol{r},t)}{\partial t} \qquad (2.1.2-1a)$$

$$\nabla \times \boldsymbol{E}(\boldsymbol{r},t) = -\sigma \cdot \frac{\partial \boldsymbol{H}(\boldsymbol{r},t)}{\partial t} \qquad (2.1.2-1b)$$

$$\nabla \cdot \boldsymbol{H}(\boldsymbol{r},t) = 0 \qquad (2.1.2-1c)$$

$$\nabla \cdot \boldsymbol{E}(\boldsymbol{r},t) = 0 \qquad (2.1.2-1d)$$

利用矢量关系式 $\nabla \times \nabla \times \boldsymbol{A} = \nabla(\nabla \cdot \boldsymbol{A}) - \nabla^2 \boldsymbol{A}$，得到时变电磁场满足的方程为：

$$\nabla^2 \boldsymbol{H} - \mu\varepsilon \frac{\partial^2 \boldsymbol{H}}{\partial t^2} = 0 \qquad (2.1.2-2a)$$

$$\nabla^2 \boldsymbol{E} - \mu\varepsilon \frac{\partial^2 \boldsymbol{E}}{\partial t^2} = 0 \qquad (2.1.2-2b)$$

此式称作波动方程，对于时谐电磁场，可以直接从上面的式子得到如下复数形式的波动方程，该方程也称作齐次亥姆霍兹方程。

$$\nabla^2 \boldsymbol{H} + k^2 \boldsymbol{H} = 0 \qquad (2.1.2-3a)$$

$$\nabla^2 \boldsymbol{E} + k^2 \boldsymbol{E} = 0 \qquad (2.1.2-3b)$$

式中，$k^2 = \omega^2 \mu\varepsilon$，$\boldsymbol{E}$、$\boldsymbol{H}$ 分别为电场强度和磁场强度的复矢量。需要指出的是，虽然 $\boldsymbol{E}$、$\boldsymbol{H}$ 各自满足的波动方程具有完全相同的形式，但并不意味着两者是相互独立的。实际应用中只能求得其中的一个场量（$\boldsymbol{E}$ 或 $\boldsymbol{H}$），而另一个场量则由麦克斯韦方程求得。

假设电磁波沿着 Z 轴方向传播，则在与 Z 轴垂直的平面上其场强在各点具有相同的值，即 $\boldsymbol{E}$ 与 $\boldsymbol{H}$ 只与 z 和 t 有关，而与 x 和 y 无关。在这种情况下亥姆霍兹方程可以简化为一维的常微分方程：

$$\frac{d^2 \boldsymbol{E}(z)}{dz_2} + k^2 \boldsymbol{E}(z) = 0 \qquad (2.1.2-4)$$

其解为：

$$\boldsymbol{E}(z) = \boldsymbol{E}_0 e^{-jkz} \qquad (2.1.2-5)$$

而位置为 Z 处瞬时值为：

$$\boldsymbol{E}(z,t) = \boldsymbol{E}_0 \cos(\omega t - kz) \qquad (2.1.2-6)$$

式子中 $\boldsymbol{E}_0$ 是电场强度的复振幅矢量，一般情况下为复数矢量，且是一个常矢。对于沿 Z 轴方向传播的均匀平面波，$\boldsymbol{E}$ 只能有横向的两个分量 $\boldsymbol{E}_x$ 和 $\boldsymbol{E}_y$，即 $\boldsymbol{E} = a_x \boldsymbol{E}_x + a_y \boldsymbol{E}_y$。$\cos(\omega t - kz)$ 代表该电磁波为沿着 z 轴方向传播的平面波，将沿传播方向的传播速度定义为等相位面的移动速度，通常称为相速度：

$$v = \frac{dz}{dt} = \frac{\omega}{k} = \frac{1}{\sqrt{\mu\varepsilon}} \qquad (2.1.2-7)$$

同理，$\boldsymbol{E}_0 \cos(\omega t + kz)$ 代表一个沿着负 z 轴方向传播的平面波。

如果用真空代替非导电介质，那么电磁波在真空中的传播速度为：

$$c = \frac{1}{\sqrt{\mu_0 \varepsilon_0}} = 3 \times 10^8 \,\mathrm{m/s} \qquad (2.1.2-8)$$

介质中电磁波的传播速度为：

$$v = \frac{1}{\sqrt{\mu_r \varepsilon_r}} = \frac{c}{n} \qquad (2.1.2-9)$$

μ_r、ε_r 分别代表介质的相对磁导率和相对介电常数，n 为介质的折射率。可见电磁波在介质中的相速度小于电磁波在真空中的传播速度。

由式子（2.1.2-6）可见，$-kz$ 代表相位角，k 表示电磁波沿正 z 轴方向传播单位距离时所需要的相位,因此 k 也称为相位常数。在传播方向上电磁波在一个周期 T 内所经过的距离定义为波长,以 λ 表示,故得出:

$$\lambda = vT = \frac{v}{f} \qquad (2.1.2-10)$$

在空气中,$\varepsilon \approx \varepsilon_0$,$\mu \approx \mu_0$,上式可以写为:

$$\lambda_0 = \frac{c}{f} = \frac{3 \times 10^8}{f} \qquad (2.1.2-11)$$

式(2.1.2-10)还可以写为:

$$\lambda = \frac{1}{f} \frac{\varepsilon}{k} = \frac{2\pi}{k} \qquad (2.1.2-12)$$

由此公式可以得出,波长 λ 可以理解为在传播方向上,相位改变 2π 时,电磁波经过的距离;k 表示在 2π 距离上波长的个数,因此又被称为波数。

在(2.1.2-6)中,电磁波是沿着 z 轴方向传播的,而在大部分情况,电磁波的传播方向并不是沿某一坐标轴,而是沿着任意的方向。因此定义一个波矢量 k,其大小 $|k|$ 为平面波的波数,方向为波的传播方向。用数学式表示为:

$$k = a_z k_z + a_y k_y + a_x k_x \qquad (2.1.2-13)$$

平面电磁波的电场可以在垂直于 k 的任何方向上振动,所以均匀平面电磁波的电场波动是横波。

平面电磁波的磁场可以由麦克斯韦方程求出:

$$\boldsymbol{H} = \frac{1}{\omega\mu} k \times \boldsymbol{E} = Y\boldsymbol{n} \times \boldsymbol{E} \qquad (2.1.2-14)$$

$$Y = \frac{k}{\omega\mu} = \sqrt{\frac{\varepsilon}{\mu}} \qquad (2.1.2-15)$$

磁场波动也是横波,并且 $\boldsymbol{E}$,$\boldsymbol{H}$ 与 $\boldsymbol{K}$ 三者相互正交,并形成一个右手螺旋系统。这种 $\boldsymbol{E}$ 和 $\boldsymbol{H}$ 均垂直于传播方向的均匀平面波,称为横电磁波,记为 TEM。

$\boldsymbol{E}$ 和 $\boldsymbol{H}$ 的振幅比

$$\eta = \left|\frac{\boldsymbol{E}}{\boldsymbol{H}}\right| = \frac{\omega\mu}{k} = \sqrt{\frac{\mu}{\varepsilon}} \qquad (2.1.2-16)$$

称为媒质的本征阻抗。其倒数 $1/\eta = Y$ 称为媒质的本征导纳。真空中 $\eta_0 = 377\ \Omega$,称为真空的本征阻抗。

(2) 有耗媒质空间的平面电磁波

以上讨论的内容为理想介质空间中的电磁波传输特性。然而,实际中大部分则是有耗媒质构成的空间,虽然许多情况下可以近似地认为空间是无损耗的。以下将讨论无源、无界的有耗介质空间平面波的传输特性。

假设有耗介质的特性参数为 ε,μ,σ,在无源无界的空间中,时谐电磁场满足的麦克斯韦方程为:

$$\nabla \times \boldsymbol{H} = \sigma\boldsymbol{E} + j\omega\varepsilon\boldsymbol{E} \qquad (2.1.2-17a)$$

$$\nabla \times \boldsymbol{E} = -j\omega\mu\boldsymbol{H} \qquad (2.1.2-17b)$$

$$\nabla \cdot \boldsymbol{H} = 0 \qquad (2.1.2-17c)$$

$$\nabla \cdot \boldsymbol{E} = 0 \qquad (2.1.2-17\mathrm{d})$$

将(2.1.2-17a)改写成：

$$\nabla \times \boldsymbol{H} = j\omega(\varepsilon - j\frac{\sigma}{\omega})\boldsymbol{E} \qquad (2.1.2-18)$$

并令

$$\varepsilon_c = \varepsilon - j\frac{\sigma}{\omega} = \varepsilon(1 - j\tan\delta) \qquad (2.1.2-19)$$

称为复介电常数,与频率有关,$\tan\delta = \sigma/\varepsilon\omega$,称作损耗角正切,于是就有:

$$\nabla \times \boldsymbol{H} = j\omega\varepsilon_c\boldsymbol{E} \qquad (2.1.2-20)$$

上式与理想介质中的麦克斯韦方程在形式上是相同的,这意味着只要将理想介质情况下的有关方程中的 ε 替换成 ε_c,就可以得到损耗媒质空间中平面电磁波的解,方程如下:

$$\nabla^2\boldsymbol{E} + \omega^2\mu\varepsilon_c\boldsymbol{E} = 0 \qquad (2.1.2-21\mathrm{a})$$

$$\nabla^2\boldsymbol{H} + \omega^2\mu\varepsilon_c\boldsymbol{H} = 0 \qquad (2.1.2-21\mathrm{b})$$

设 $k_c{}^2 = \omega^2\mu\varepsilon_c$,则得到:

$$k_c = \omega\sqrt{\mu(\varepsilon - j\frac{\sigma}{\omega})} = \omega\sqrt{\mu\varepsilon}\sqrt{1 - j\tan\delta} = \beta - j\alpha$$

$$\alpha = \omega\sqrt{\frac{\mu\varepsilon}{2}(\sqrt{1 + \tan^2\delta} - 1)} \qquad (2.1.2-22)$$

$$\beta = \omega\sqrt{\frac{\mu\varepsilon}{2}(\sqrt{1 + \tan^2\delta} + 1)} \qquad (2.1.2-23)$$

如果令 $\boldsymbol{E} = \boldsymbol{E}_x\boldsymbol{a}_x$,根据均匀平面波的性质,可以直接得到有耗媒质中的电场和磁场为:

$$\boldsymbol{E}_x = \boldsymbol{E}_0 e^{-jk_z z} = \boldsymbol{E}_0 e^{-\alpha z} e^{-j\beta z} \qquad (2.1.2-24)$$

$$H_y = \frac{j}{\varepsilon\mu}\frac{\partial E_x}{\partial z} = \sqrt{\frac{\varepsilon}{\mu}(1 - j\tan\delta)} E_0 e^{-\alpha z} e^{-j\beta z} \qquad (2.1.2-25)$$

以上结果可以得出,在有耗媒质中:

① 振幅随电磁波传输距离的增大而衰减,衰减常数为 α。

② 相位移常数 β 与频率 ω 有关,表明相速也与频率有关,这一现象称作色散。

③ 电场强度与磁场强度相位不同,二者之比称为复数波阻抗。

$$\eta_c = \sqrt{\frac{\mu}{\varepsilon_c}} = \sqrt{\frac{\mu}{1 - j\tan\delta}} = \sqrt{\frac{Z}{1 - j\tan\delta}} \qquad (2.1.2-25)$$

2.1.3　均匀平面电磁波的反射与透射

实际的电磁波在传输过程中将不可避免地遇到不同媒质的分界面,在分界面处将发生反射和透射现象。其中电磁波垂直入射媒质界面是最简单的方式也是最常用的分析方法,被广泛使用在吸波材料的设计过程中。

如图 2.1-1 所示,均匀平面波从媒质 1 垂直传向媒质 2,两种媒质的分界面为:$z=0$ 的无限大平面,媒质 1 的参数为 $\varepsilon_1,\mu_1,\sigma_1$,媒质 2 的参数为 $\varepsilon_2,\mu_2,\sigma_2$。对于一般媒质,根据

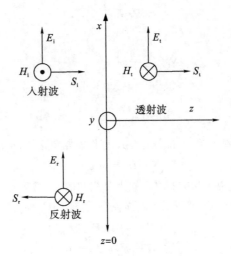

图 2.1-1 分界面的垂直入射

空间平面波的特性,入射波电场为:

$$\boldsymbol{E}_i(z) = a_x\,E_{im}\,e^{-jk_{c1}z} \qquad\qquad (2.1.3-1)$$

则入射波的磁场为:

$$\boldsymbol{H}_i(z) = a_y\,\frac{E_{im}}{\eta_{c1}}\,e^{-jk_{c1}z} \qquad\qquad (2.1.3-2)$$

反射波电场和磁场为:

$$\boldsymbol{E}_r(z) = a_x\,E_{rm}\,e^{jk_{c1}z} \qquad\qquad (2.1.3-3)$$

$$\boldsymbol{H}_r(z) = -a_y\,\frac{E_{rm}}{\eta_{c1}}\,e^{jk_{c1}z} \qquad\qquad (2.1.3-4)$$

媒质 2 中的透射波电场,磁场为:

$$\boldsymbol{E}_t(z) = a_x\,E_{tm}\,e^{-jk_{c2}z} \qquad\qquad (2.1.3-5)$$

$$\boldsymbol{H}_t(z) = a_y\,\frac{E_{tm}}{\eta_{c1}}\,e^{-jk_{c2}z} \qquad\qquad (2.1.3-6)$$

式子(2.1.3-1)～(2.1.3-6)中:

$$k_{c1} = \omega\,\sqrt{\mu_1\,\varepsilon_1}\,(1 - j\tan\delta_1)^{1/2}$$

$$\eta_{c1} = \omega\,\sqrt{\frac{\mu_1}{\varepsilon_1}}\,(1 - j\tan\delta_1)^{-1/2}$$

$$k_{c2} = \omega\,\sqrt{\mu_2\,\varepsilon_2}\,(1 - j\tan\delta_2)^{1/2}$$

$$\eta_{c2} = \omega\,\sqrt{\frac{\mu_2}{\varepsilon_2}}\,(1 - j\tan\delta_2)^{-1/2}$$

媒质 1 中合成的电场和磁场分别为:

$$\boldsymbol{E}_1(z) = E_i(z) + E_r(z) = a_x(\mathrm{E}_{im}\,e^{-jk_{c1}z} + \mathrm{E}_{rm}\,e^{jk_{c1}z}) \qquad (2.1.3-7)$$

$$\boldsymbol{H}_1(y) = H_i(z) + H_r(z) = a_y\Big(\frac{\mathrm{E}_{im}}{\eta_{c1}}\,e^{-jk_{c1}z} - \frac{\mathrm{E}_{rm}}{\eta_{c1}}\,e^{jk_{c1}z}\Big) \qquad (2.1.3-8)$$

根据切向电场和切向磁场的边界条件和式子(2.1.3-5)~(2.1.3-8),在 $z=0$ 处应该有:

$$E_1(z=0) = a_x(E_{im} + E_{rm}) = E_t(z=0) = a_x E_{tm}$$

$$H_1(z=0) = a_y\left(\frac{E_{im}}{\eta_{c1}} - \frac{E_{rm}}{\eta_{c1}}\right) = H_t(z=0) = a_y\frac{E_{tm}}{\eta_{c2}}$$

联立求解上面两式得到:

$$E_{rm} = \frac{\eta_{c2} - \eta_{c1}}{\eta_{c2} + \eta_{c1}} E_{im}$$

$$E_{tm} = \frac{2\eta_{c2}}{\eta_{c2} + \eta_{c1}} E_{im}$$

为了方便,定义反射波电场振幅与入射波电场振幅之比为反射系数,用 R 表示,则有:

$$R = \frac{E_{rm}}{E_{im}} = \frac{\eta_{c2} - \eta_{c1}}{\eta_{c2} + \eta_{c1}}$$

定义透射波电场振幅与入射波电场振幅之比为透射系数(或传输系数),用 τ 来表示,则有:

$$\tau = \frac{E_{tm}}{E_{im}} = \frac{2\eta_{c2}}{\eta_{c2} + \eta_{c1}}$$

2.2　吸波材料的设计

2.2.1　吸波材料电磁参数设计

雷达吸波材料设计技术是获得高性能吸波材料的基础,同时也是其必要的技术手段,目前主要有电磁波在介质中传输特性计算、混合媒质等效电磁参数预估以及优化设计等技术,已经能够达到工程应用水平。

雷达吸波材料具备 2 个基本条件才能很好地吸收电磁波:①减少反射,即当电磁波传播、入射到材料表面(表层)时,能够最大限度地使电磁波进入到材料内部,减少电磁波在界面处的直接反射,这需要在设计材料时,充分考虑其阻抗匹配特性;②有效衰减,即当电磁波进入吸波材料内部之后,在内部传播,能够迅速并几乎全部地将其衰减,这需要在制备材料时考虑其衰减特性。

(1)阻抗匹配特性

为了使电磁波的能量无反射地被吸波材料吸收,需要材料的特性阻抗与传输线路的特性阻抗相等。对在自由空间传播的电磁波而言,其归一化阻抗等于 1。对自由空间中平板结构材料,其反射系数 R 与等效阻抗关系如下:

$$R = \frac{\eta_t - \eta_0}{\eta_t + \eta_0} \qquad (2.2.1-1)$$

如果要反射系数为零,则要求阻抗 η_t 与自由空间阻抗 η_0 匹配,也就是要求在整个频率范围内介电常数 ε_r 与磁导率 μ_r 相等,这在实际中难以做到。因此,人们进行电磁匹配设计的主要原理是使材料表层介质的特性尽量接近空气的性质,从而达到使复合材料表面反射尽量小。还可以通过几何形状过渡的方法获得良好的匹配或吸收。

(2)有效衰减特性

就吸波材料的吸波原理而言,可以分为吸收型和谐振型两类。不管是哪种类型,电磁波在材料中的衰减特性是复合材料吸波的关键。

对于薄层吸波材料,其雷达波的吸波机理多为波的干涉作用,而对于具有多层结构吸波复合材料而言,其吸波机理主要是将电磁波的能量转化为热能而吸收。电磁波的吸收与介电性能有关,介电性又与介质的极化有关。吸波材料在电磁波的作用下,材料内部会产生电子极化、离子极化、转向极化和界面极化等,每一种极化需要消耗一定的能量。对于吸波材料来说,界面状况有两种含义:一是界面多;二是每一个界面都可以进行设计。电磁波进入吸波材料之后,每当传播到一个界面时,都将有 3 种情况。即一部分能量被界面吸收,一部分能量通过界面传播至下一个界面,还有一部分能量则反射回来。反射回来的部分遇到上一个界面时,也会产生上述 3 种情况,不过此时的能量变小,如此类推下去。电磁波在吸波材料中传播的过程,实际上是要不同的多个波往返传播,最终结果使入射吸波材料中的电磁波能量得到衰减,从而达到吸波目的。这些并不包括由于折射作用对电磁波的损耗。

一般来说,材料参数结构越复杂,求解电磁波在介质中的传播特性方程的难度就越大,各向同性材料的参数结构最为简单,因此在雷达吸波材料发展初期,以探索研究电磁波在各向同性材料中的传播特性为主,主要解决界面反射问题,最终引入阻抗匹配设计的概念;第二阶段的研究对象仍是各向同性材料,主要解决工程化设计问题;第三阶段则是向各向异性雷达吸波材料研究方向发展。

实现薄层型的宽带吸波材料设计的关键是在减小电磁波反射的同时还要提供足够大的损耗。这必须解决两个基本问题:首先必须使电磁波进入材料内部而非在界面处发生反射;其次是电磁波进入材料内部以后,需要提供足够大的能量损耗。在通常情况下这两个方面是互相制约的,如果要提高吸收,材料的虚部必须大,但是往往这种材料的表面阻抗与空气的阻抗相差较大,由于阻抗不匹配引起的界面反射很大。因此吸波材料设计要注重通过调整吸波剂参数实部与虚部的匹配关系及各结构层电磁参数,从而实现阻抗匹配。

各相同性材料设计通常采用传输线法、信号流图法、反射系数法等。这些方法主要以磁损耗材料为主,发展了优化设计技术、工程化的参数预估技术等,考虑了频响特性、温度特性、容积比等因素的影响,实现了吸波材料设计的工程化、实用化。

2.2.2 吸波材料结构设计

涂覆性吸波材料通常指电磁吸波涂层。吸波涂层在涂覆使用过程中若要达到理想的吸波效果,必须对涂层结构进行合理设计。对于具有多层结构(包括阻抗匹配层、吸收层、黏结层等)的吸波材料,其反射系数由各层的厚度、磁导率和介电常数等参数决定,如果仅仅在实验中研究这些参数对反射系数的影响,将会增加巨大的工作量,并且具有盲目性,因此有必要从理论上导出吸波涂层反射系数公式,并由此研究上述各参数与反射系数的关系。

　　计算反射系数的常用方法是阻抗法或反射系数法。从物理上分析,总的反射场由两部分叠加而成:一部分为表层界面阻抗不连续所产生的界面反射;另一部分为穿过表面的电磁波经多次衰减、反射后重新透出表层界面。如果这两部分大小相等,相位相反,则完全匹配没有反射。如果表层界面反射的能量大于入射能量的 1/2,按照能量守恒定律,重新透出表层界面的场能量必然小于 1/2。两者幅度不等,无法完全匹配。因此为了阻抗匹配,第一次表层界面反射的能量必须小于入射能量的 1/2。结构吸波材料的吸波机理与涂覆性吸波材料的吸波机理是相同的,因此结构吸波材料电磁设计与涂覆性吸波材料的电磁设计是一致的。下面将对单层、多层吸波材料的电磁性能设计进行讨论。

(1) 单层吸波材料设计

　　计算吸波材料反射率的常用方法是阻抗法。阻抗法的核心是首先计算输入阻抗,然后求出反射系数。吸波材料的信号流图解法具有物理图像清晰、公式简单明了的特点。图 2.2 - 1 为单层吸波材料结构图,根据图 2.2 - 1 的结构,给出初始的信号流图,如图 2.2 - 2 所示。设金属区域的代号为 0,吸波材料区域的代号为 2。R_{21} 表示从空气到介质的界面反射,R_{12} 则是从介质到空气的界面反射,T_{21} 是从空气到介质的透射,其余依此类推。γ 是电磁波在介质中的传播常数,d 是介质层(即吸波材料层)的厚度。根据微波电路原理和信号流图理论,可对上述信号流图进行简化。图 2.2 - 2 中 $CEFDC$ 是从 C 点出发,然后又回到 C 点,从而得到图 2.2 - 3 的结果。事实上,这部分是电磁波在介质中多次来回反射的结果。化去自闭合环,并得到图 2.2 - 4 的结果。

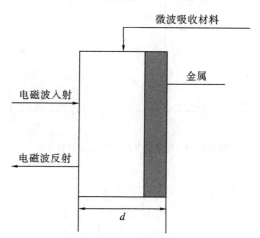

图 2.2 - 1　单层吸波材料结构图

根据图 2.2 - 4 可以得到反射率 R 为:

$$R = R_{21} + \frac{R_{10}\, e^{-2\gamma d}\, T_{21}\, T_{12}}{1 - R_{10}\, R_{12}\, e^{-2\gamma d}} \tag{2.2.1-2}$$

如果为金属衬底,$R_{10} = -1$,且 $T_{21} T_{12} = 1 - R_{21}^2$,$R_{12} = -R_{21}$,所以,

$$R = R_{21} - \frac{(1 - R_{21}^2)\, e^{-2\gamma d}}{1 - R_{21}\, e^{-2\gamma d}} \tag{2.2.1-2}$$

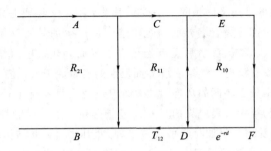

图 2.2 - 2　单层吸波材料的信号流图

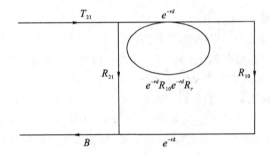

图 2.2 - 3　简化过程中的单层吸波材料信号流图

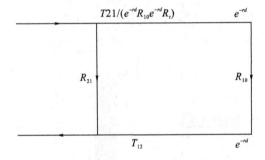

图 2.2 - 4　简化后的单层吸波材料信号流图

进一步简化为：

$$R = \frac{R_{21} - e^{-2rd}}{1 - R_{21} \, e^{-2rd}} \qquad (2.2.1-3)$$

$$R_{21} = \frac{\eta - 1}{\eta + 1} \qquad (2.2.1-4)$$

由信号流图 2.2 - 4 可以看出，反射系数由两部分组成，第一部分是电磁波到达界面时的初次反射 R_{21}，第二部分则是电磁波进入介质后在金属与空气之间反复反射，并透射到空气中的累积信号。只有这两部分的幅值相等、相位相反时，反射率 R 才可能为零。

由式（2.2.1 - 4）知，当界面上的反射信号与入射电磁波进入介质，经过一个循环后的信号幅值相等、相位相反时，电磁波反射为零。式（2.2.1 - 3）考虑了波到达金属界面时的相位翻转,所以 R_{21} 与 e^{-2rd} 具有相同相位,实际上两个矢量幅值相等,相位相反。这是非常简单清晰的表达式,是阻抗匹配的形象说明。但上面的式子是一个复数方程,只有频率 f 和厚度 d 的乘积是独立变量。所以要使 R_{21} 与 e^{-2rd} 不仅幅值相等,而且相位相同,其实是非常困难的。由式(2.2.1-3)可以看出,只要 R_{21} 与 e^{-2rd} 相等,无论 R_{21} 多大,总反射都可以为零,虽然要使二者幅度相等、相位相同并不容易。

阻抗匹配的物理基础是波的干涉,适用对象是时谐变化的稳态场,其时间因子用复数表示为 $e^{j\omega t}$。波的传播是需要时间的,其时间的长短取决于波速和传播距离。当平面波入射到界面上,产生反射和折射,根据能量守恒,入射能量等于反射能量和透射能量之和。透射波进入介质以后,经过时间 T(幅度相位相应改变)到达底层理想金属,产生全反射,再经过时间 T 后回到界面,发生向自由空间的透射和介质内部的反射。其反射波则重复以上过程,最终各次透射波进入自由空间与第一次的反射波发生干涉。综上所述可以看出,与界面反射波发生干涉的诸多透射波分别来自 $2T$、$4T$、$6T$……时刻以前的入射波,因此不能应用能量守恒定律。因此当界面反射能量大于 1/2 时,仍然可能实现完全匹配。

通过对涂覆型吸波材料的计算机辅助设计,我们可以做到如下几点:

①在已经测定介质的电磁参数情况下,则很快可算出不同涂层厚度和各个频率下的吸收性能。

②如果给定反射系数 R 的阈值 R_c(所能容许的最大反射系数),则可以设计出某一频率范围内 $R < R_c$ 的最大带宽和与之相应的材料参数。

③如果已知工作带宽,可设计出此带宽内具有最小反射系数的材料电磁参数。

④分析涂层厚度及材料电磁参数变化对吸收性能的影响。

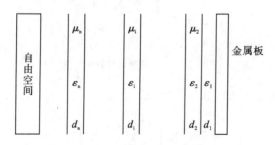

图 2.2-5　多层吸波涂层结构示意图

(2) 多层吸波材料设计

多层吸波涂层的结构示意图如图 2.2-5 所示,各层的厚度、磁导率(相对值)和介电常数(相对值)分别为 d_i、μ_i 和 ε_i($i=1,2,3\cdots$)。均匀平面波为入射波,定义入射波的射线与各层分界面的法线所构成的平面为入射面,则沿任意方向极化的电场 E 可分解成分别与入射面平行或垂直的两个分量。则分析过程如下:

从自由空间向内的方向,各层的反射系数为:

$$R_i = \frac{\bar{R}_i + R_{i-1}\, e^{-2jk_{z,i}t_i}}{1 + R_{i-1}\,\bar{R}_i\, e^{-2jk_{z,i}t_i}} \tag{2.2.1-5}$$

其中第 i 层材料界面上向内看去的界面反射系数分为 TE 和 TM 两种情况,对 TE 波,电场 E 平行于界面,与入射面垂直,又称垂直极化:

$$\bar{R}_i^{TE} = \frac{\mu_i k_{z,i+1} - \mu_{i+1} k_{z,i} t_i}{\mu_i k_{z,i+1} + \mu_{i+1} k_{z,i} t_i} \quad (i=1,2,3,4\cdots n) \qquad (2.2.1-6)$$

第 $n+1$ 层介质为空气,$\mu_{i+1}=\varepsilon_{i+1}=1$,对 TM 波,磁场 H 平行界面,E 在入射面内,又称平行极化:

$$\bar{R}^{TM} = \frac{\varepsilon_{i+1} k_{zi} - \varepsilon_i k_{i+1}}{\varepsilon_{i+1} k_{zi} + \varepsilon_i k_{i+1}} \quad (i=1,2,3,4\cdots n) \qquad (2.2.1-7)$$

式中,k_{zi} 是第 i 层材料中 Z 方向的波矢,与材料参量及表层入射角 θ_{in} 有关,材料有电滞或磁滞损耗则为复数,得到自分离变量方程:

$$k_{zi} = k_0 \sqrt{\mu_i \varepsilon_i - \sin \theta_{in}} \qquad (2.2.1-8)$$

借鉴前面单层吸波材料的信号流图解法及性能分析,多层吸波材料的信号流图解法分为以下几步进行。以三层为例,其结构如图 2.2-6 所示,对应的信号流图如图 2.2-7 所示。图 2.2-7 中,R_{ij} 表示从第 i 层介质到第 j 层介质时的界面反射系数,T_{ij} 表示从第 i 层介质到第 j 层介质时的界面透射系数。根据电磁场理论得出:

$$R_{ij}^2 + T_{ij}^2 = 1 \qquad (2.2.1-9)$$

$$R_{ij} = -R_{ji}, T_{ij} = T_{ji} \qquad (2.2.1-10)$$

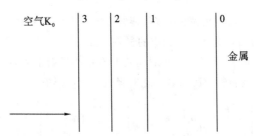

图 2.2-6　三层吸波材料示意图

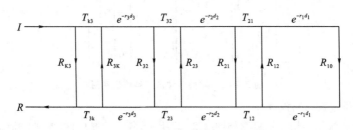

图 2.2-7　三层吸波材料信号流图

把闭合的支线分离成单独的闭合回路,得到图 2.2-8,化去闭合回路,得到图 2.2-9。根据图 2.2-9 和信号流图理论以及上述多层 RAM 的各层反射系数 R_i,反射系数 R 的表达式为:

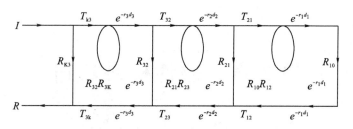

图 2.2－8   三层吸波材料信号流图的化解

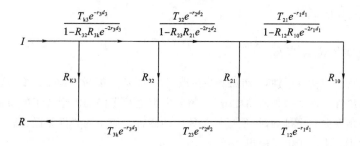

图 2.2－9   三层吸波材料信号流图的最终结果

$$R = R_{k3} + \frac{T_{k3}\ T_{3k}\ e^{-2r_3 d_3}}{1 - R_{32}\ R_{3k}\ e^{-2r_3 d_3}}\ R_{32}$$

$$+ \frac{T_{k3}\ T_{3k}\ e^{-2r_3 d_3}}{1 - R_{32}\ R_{3k}\ e^{-2r_3 d_3}}\ R_{32}\ \frac{T_{32}\ T_{23}\ e^{-2r_2 d_2}}{1 - R_{23}\ R_{21}\ e^{-2r_2 d_2}}\ R_{21} +$$

$$\frac{T_{k3}\ T_{3k}\ e^{-2r_3 d_3}}{1 - R_{32}\ R_{3k}\ e^{-2r_3 d_3}}\ \frac{T_{32}\ T_{23}\ e^{-2r_2 d_2}}{1 - R_{23}\ R_{21}\ e^{-2r_2 d_2}}\ \frac{T_{21}\ T_{12}\ e^{-2r_1 d_1}}{1 - R_{12}\ R_{10}\ e^{-2r_1 d_1}}\ R_{10}$$

$$(2.2.1 - 11)$$

将上式中的 1,2 项以及 3,4 项合并,并将式(2.2.1－9)和(2.2.1－10)代入得到:

$$R = \frac{R_{k3} + R_{32}\ e^{-2r_3 d_3}}{1 + R_{k3}\ R_{32}\ e^{-2r_3 d_3}} +$$

$$\frac{(1 - R_{k3}^2)\ e^{-2r_3 d_3}}{1 + R_{k3}\ R_{32}\ e^{-2r_3 d_3}}\ \frac{(1 - R_{32}^2)\ e^{-2r_2 d_2}}{1 + R_{32}\ R_{21}\ e^{-2r_2 d_2}}\ \frac{R_{21} + R_{10}\ e^{-2r_1 d_1}}{1 + R_{21}\ R_{10}\ e^{-2r_1 d_1}}$$

$$(2.2.1 - 12)$$

当满足以下条件:

$$R_{k3} + R_{32}\ e^{-2r_3 d_3} = 0$$
$$R_{21} + R_{10}\ e^{-2r_1 d_1} = 0$$

时 $R=0$。这是阻抗匹配的条件之一,是充分条件但不是必要条件。

　　单层吸波材料只有一项 e^{-2rd},而两层则有 3 项,三层则有 7 项。如果在某一频率时调整好各矢量的相位,当频率变化时,它们将顺着一个方向变化,即同时减小或同时增加。这样就确定了相位对频率的敏感关系。

第3章　磁性材料基础

3.1　物质的磁性

3.1.1　物质的磁性来源

　　磁性是物质的基本属性,当外磁场发生改变时,物质的能量也随之改变,这时物质就表现出宏观磁性。而从微观的角度分析,物质中带电粒子的运动形成了物质的元磁矩。当这些元磁矩取向有序排列时,便形成了物质的磁性。原子的磁性是磁性材料的基础,而原子磁性主要来源于电子磁矩。

　　物质是由原子组成的,而原子则又是由原子核和核外电子组成,核外电子围绕原子核以接近于光速的速度在运动。类似于电流能够产生磁场,原子内部电子的运动也会产生磁矩(一个绕核运动的电子构成环形电流,产生的磁矩称为玻尔磁子)。

　　电子磁矩由电子的轨道磁矩和电子的自旋磁矩两部分所组成。根据量子力学原理,电子的轨道磁矩可表示为:

$$\mu_1 = -\frac{\mu_0 e}{2 m_e} P_1 = -\gamma_1 P_1 \qquad (3.1.1-1)$$

式中,m_e 为电子质量,$-e$ 表示电子的负电荷,μ_0 为真空磁导率,γ_1 称为轨道旋磁比;P_1 为电子绕原子核做轨道运动的轨道角动量(动量矩),其标量 P_1 应满足量子化条件,即

$$P_1 = \sqrt{l(l+1)}\,\hbar \quad (l = 0,1,2,3\cdots n-1) \qquad (3.1.1-2)$$

式中,l 为决定轨道角动量的量子数(又称次量子数或角量子数)。因此,式(3.1.1-1)可以表示为:

$$M_1 = \sqrt{l(l+1)}\left(\frac{\mu_0 e \hbar}{2 m_e}\right) = \sqrt{l(l+1)}\left(\frac{\mu_0 eh}{4\pi m_e}\right) = \sqrt{l(l+1)} \cdot \mu_B$$

$$(3.1.1-3)$$

式中,$\hbar$ 为普朗克常数;μ_B 为电子轨道磁矩的最小单位,称为玻尔磁子(或磁偶极矩),其值为:

$$\mu_B = \frac{\mu_0 e \hbar}{2 m_e} = \frac{\mu_0 eh}{4\pi m_e} = 9.2740 \times 10^{-24} J/T$$

　　电子自旋磁矩是由电子电荷的自旋所产生的磁矩,以 μ_s 表示,则

$$\mu_s = -\frac{\mu_0 e}{m_e} P_s = -\gamma_s P_s \qquad (3.1.1-4)$$

γ_s 称为自旋旋磁比,它是轨道旋磁比 γ_1 的 2 倍;P_s 为电子自旋角动量(动量矩),因为

电子自旋角动量在空间只有两个量子化方向,故有

$$P_{sz} = \pm \frac{1}{2}\hbar = m_s \hbar \qquad (3.1.1-5)$$

式中,m_s 为决定电子自旋角动量在外磁场方向分量的量子数(又称自旋量数)。m_s 只有两个值($\pm 1/2$)。因此式子(3.1.1-4)可以表示为:

$$\mu_{sz} = \pm \frac{\mu_0 e \hbar}{2 m_e} = 2 m_s \mu_B \left(m_s = \pm \frac{1}{2} \right) \qquad (3.1.1-6)$$

上式表示电子自旋磁矩 μ_s 在外磁场方向上只能有两个分量。

　　式(3.1.1-1)和式(3.1.1-4)表明,由轨道旋磁比 γ_1 和自旋旋磁比 γ_s 建立了电子的轨道磁矩与其轨道角动量,电子自旋磁矩与其自旋角动量的直接关系,式(3.1.1-3)和式(3.1.1-6)代表了原子中单个电子的轨道磁矩和自旋磁矩大小,但由于原子通常是多电子体系(氢原子为单电子体系),而电子的轨矩和自旋磁矩又是空间矢量,这就需要考虑这些多电子的不同种类磁矩是以何种方式相合成,最终体现出一个原子总的磁矩。目前已知的合成方式有两种,即 $L-S$ 耦合和 $j-j$ 耦合。

　　$L-S$ 耦合是指当原子中各个电子的轨道角动量之间有较强的耦合,因而先自身合成一个总轨道角动量 P_L 和总自旋角动量 P_s,然后两者再次合成为原子的总角动量。$j-j$ 耦合是指各电子的轨道运动和本身的自旋相互作用较强,因而先合成该电子的总角动量,然后各电子的总角动量再合成原子的总角动量。在铁磁性材料中,原子的总角动量大都属于 $L-S$ 耦合方式。

3.1.2　磁性物质的分类

　　根据物质磁性的不同特点,可以分为弱磁性和强磁性两大类。其中弱磁性仅在具有外加磁场的情况下才能表现出来,并随磁场增大而增强。按照磁化方向与磁场的关系,弱磁性又可分为抗磁性和顺磁性。强磁性主要表现在无外加磁场的情况下仍表现出磁性,即存在自发磁化。根据自主化方式的不同,强磁性又分为铁磁性、亚铁磁性、反铁磁性和顺磁性等。除反铁磁性外,这些磁性通常又广义地称为铁磁性。

　　图3.1-1为几种典型磁性物质中原子磁矩的排列形式。途中箭头表示原子磁矩方向,它的长度代表原子磁矩大小。当所有原子磁矩都朝向同一方向排列时,称为铁磁性(图3.1-1(a));如果相邻的原子磁矩排列方向相反,但由于它们的数量不同,不能相互抵消,结果在某一方向上显示了原子磁矩同向排列的效果,这种现象称为亚铁磁性(图3.1-1(b));如果相邻原子磁矩排列的方向相反,并且其数量相同,则原子间的磁矩能够完全抵消,这种现象称为反铁磁性(图3.1-1(c));如果物质的原子磁矩不等于零,但各原子磁矩的方向是紊乱无序的,这样在这种物质的任一小区域内还是不会具有磁矩的,被称为顺磁性(图3.1-1(d))。

　　吸波材料通常为铁磁性材料,铁磁性物质一般都是固体,从物质的气、液、固三态来说,它与其他固体没有明显区别;铁磁性物质可以是导体(如金属或合金的磁性材料),也可以是电介质(如铁氧体),从电导的角度来说,它与其他导体或电介质没有本质的区别;铁磁性物质的每一个原子或分子都有磁矩,从这一点来看,它与顺磁性物质也没有区别。

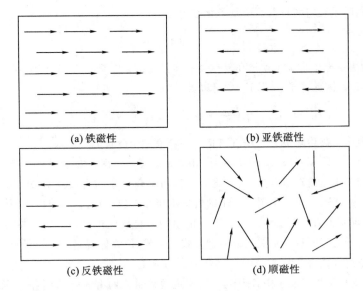

(a) 铁磁性　　　　　　　　(b) 亚铁磁性

(c) 反铁磁性　　　　　　　　(d) 顺磁性

图 3.1-1　小区域内原子磁矩的自发排列形式

铁磁性(包括亚铁磁性)与其他运动形式的最大区别是具有自发磁化和磁畴。

在某些材料中，由于物质内部的力量，使任一小区域内的所有原子磁矩按一定的规则排列起来的现象，称为自发磁化。因此在铁磁性、亚铁磁性和反铁磁性物质内都存在着自发磁化。

自发磁化是由于相邻原子中电子之间的交换作用而产生，这一作用与电子自旋之间的相对取向有关。设 i 原子的总自旋角动量为 $\boldsymbol{S}_i$，j 原子的总自旋角动量为 $\boldsymbol{S}_j$，则 i，j 原子的交换作用能为：

$$E_{ij} = -2\boldsymbol{J}_{ij}\boldsymbol{S}_i \cdot \boldsymbol{S}_j \tag{3.1.2-1}$$

式中，$\boldsymbol{J}_{ij}$ 为 i，j 原子的电子之间的交换积分。

原子中的电子在交换作用能的作用下，就如同受到一个磁场的作用，完成了原子磁矩的有序排列，形成了自发磁化。使原子磁矩有序排列的磁场称为"分子场"H_m，它不是真正的磁场，而是与交换作用相联系的静电场，其值可表示为：

$$\boldsymbol{H}_m = \frac{zJ_e}{2n\mu_B^2}\boldsymbol{M} = \lambda\boldsymbol{M} \tag{3.1.2-2}$$

式中 z 为 i 原子的邻近原子数，n 为单位体积的原子数，M 为自发磁化强度。J_e 为交换积分。由此可知，产生自发磁化的"分子场"与自发磁化强度成正比。

铁磁物质内部分成许多自发磁化的小区域，在每个小区域中所有原子磁矩都整齐地排列，但不同小区域的磁矩方向不同，自发磁化的小区域称为磁畴。磁畴的形状、大小及它们之间的搭配方式，统称为磁畴结构。磁性材料的性能是由磁畴结构的变化决定的。一个磁畴体积的数量级约为 10^{-9}cm^3，每个磁畴内大约可以包含 10^{15} 个原子。

铁磁性物质内部存在的磁畴和自发磁化是具有铁磁性的重要原因。Fe、Co、Ni 等过渡族元素具有铁磁性，即存在自发磁化和磁畴；而 Mn、Cr 等元素的原子内部，虽然也有原子磁矩(3d 层没有被填满),但却不具有铁磁性,因为其没有自发磁化的作用使原子磁矩有序排列并形成磁畴。

3.1.3 磁性材料的静磁能:外场能和退磁能

磁性材料在外磁场 H_e 中被磁化以后,只要材料的形状不是闭合形或无限长,则材料内的总磁场强度 H 都会小于外磁场强度 H_e。这是因为材料被磁化以后将产生一个退磁场 H_d,当磁化均匀时,H_d 的方向在材料内部总是与 H_e 和磁化强度 M 的方向相反,其作用在于削弱外磁场,所以 H_d 称为退磁场。材料内部的总磁场强度是外磁场强度 H_e 和退磁场强度 H_d 的矢量和,即:

$$H = H_e + H_d \qquad (3.1.3-1)$$

其数量的表达式为:$H = H_e - H_d$。

退磁场是一个重要的物理量,材料的内在性质和外部形态是影响退磁场大小的内因和外因。在磁性测量和磁性材料的设计使用中,需要考虑退磁场的影响,材料内部磁畴结构的形式直接受到退磁场的制约,因而退磁场直接影响着材料的性能。

退磁场 H_d 的计算是一个复杂的问题,理论上只能对某些特殊形状的样品进行求解,而任意形状的样品则只能从实验上进行测定,不能从理论上进行计算得到。材料内的退磁场可以写成:

$$H_d = -NM \qquad (3.1.3-2)$$

式中,N 为退磁因子;M 为磁化强度。当材料均匀磁化时,N 只与样品尺寸有关,当材料非均匀磁化时,N 不仅与样品尺寸有关,还与磁导率有关。

外磁场能和退磁场能都是静磁能,磁化强度为 M 的材料在外磁场 H 的作用下,存在着磁矩与磁场的相互作用,即物体在外磁场中存在着能量,简称为外场能 E_H,其表达式为:

$$E_H = -\mu_0 M \cdot H \qquad (3.1.3-2)$$

式中,M 为磁化强度,即单位体积的磁矩,上面式子所代表的是单位体积的能量。

由于退磁场的存在,也存在着退磁能 E_d。表达式为:

$$E_d = \frac{1}{2}\mu_0 N M^2 \qquad (3.1.3-3)$$

从式子中可以知道,磁化后的物体,如果知道它的退磁因子和磁化强度,就可以根据式子算出退磁能。形状不同的物体在不同方向磁化时相应的退磁能不同,这种由形状引起的能量各向异性称为形状各向异性。

3.1.4 磁晶各向异性及能量

铁磁性物质在不同晶体学方向上,材料被磁化的难易程度不同,存在着易磁化方向和难磁化方向,这种磁性随晶轴方向的各向异性称为磁晶各向异性,或称为天然各向异性,它是铁磁性物质的另一个重要的特征。对于铁磁性单晶体来说,未加外部磁场时,其磁化方向与其易磁化轴方向一致,存在着对应的自由能,当自发磁化的方向为该方向时,能量取最小值,并且是稳定的,而要向其他方向旋转,能量则会增加。

例如在立方晶系的 Fe 单晶中,3 个晶向[100]、[110]、[111]分别作用外磁场,在[100]方向上的磁化比其他的[110]、[111]方向上更容易进行,这就是磁各向异性,[100]方向称为易轴。如果易磁化方向存在于一个平面内的任意方向,则称此平面为易面。反映晶格对称性的磁各向异性就是磁晶各向异性,与此相关的能量称为磁晶各向异性能。

常用磁晶各向异性常数 K_1、K_2(立方晶系),K_{u1}、K_{u2}(六角晶系)来表示晶体中各向异性的强弱。磁晶各向异性常数大的物质适合作为永磁材料;磁晶各向异性常数小的物质适合作为软磁材料。

立方晶系的磁晶各向异性能可表示为:

$$E_k = K_1(a_1^2 a_2^2 + a_2^2 a_3^2 + a_3^2 a_1^2) + K_2 a_1^2 a_2^2 a_3^2 \qquad (3.1.4-1)$$

K_1、K_2 为立方晶系的磁晶各向异性常数,其数值大小及范围将会确定易轴的种类。不同材料的 K_1、K_2 值大小不同。a_1、a_2、a_3 为方向余弦。由于晶体的对称性,晶体内存在磁性等效的方向,因此磁晶各向异性能是 a_i 的偶函数。

六角晶系的易磁化轴如果是晶体的六重对称轴,则易磁化轴就只有 1 个,故又称为单轴晶体。单轴晶体的磁晶各向异性能的表达式为:

$$E_k = K_{u1} \sin^2\theta + K_{u2} \sin^4\theta \qquad (3.1.4-2)$$

式中,θ 为自发磁化强度与[0001]方向之间的夹角。K_{u1} 和 K_{u2} 为六角晶系的磁晶各向异性常数,它表示磁晶各向异性能高低的程度。若 K_{u1} 和 K_{u2} 都是正值,则易磁化方向就在六角轴上(易轴);若 K_{u1} 和 K_{u2} 都是负值,则易磁化方向在与六角轴垂直平面内的任何方向,这种各向异性又称为面各向异性(易面);在一定的 K_{u1} 和 K_{u2} 取值范围内,易磁化方向可处在一个圆锥面上,称为易锥面。

以上是从晶体的宏观对称性出发,得到立方晶系和六角晶系的磁晶各向异性表达式,这种分析问题的方法通常称为磁晶各向异性的唯象理论。唯象理论把磁性与方向的关系表达得直观明了,但对其微观机制并不能说明。对磁晶各向异性的微观解释,必须从晶体的原子排列和原子内部的电子自旋与轨道相互作用方面加以说明。

由于铁磁性晶体中磁晶各向异性的存在,无外场时磁畴内的磁矩倾向于沿着易磁化方向(易轴或易面)取向。这等效于在易磁化方向上存在一个磁场,把磁矩拉向易磁化方向,称为磁晶各向异性的等效场或各向异性场 $\boldsymbol{H}_A$。在立方晶系中,当 $K_1 > 0$ 时,$\boldsymbol{H}_A = \dfrac{2K_1}{\mu_0 \boldsymbol{M}_s}$,式中,$\boldsymbol{M}_s$ 为饱和磁化强度;当 $K_1 < 0$ 时,$\boldsymbol{H}_A = +\dfrac{4}{3} \times \dfrac{|K_1|}{\mu_0 \boldsymbol{M}_s}$。在六角晶系中,单轴的各向异性场 $\boldsymbol{H}_A = \dfrac{2K_{u1}}{\mu_0 \boldsymbol{M}_s}$。

3.1.5 磁性理论发展简史

公元前四世纪,人们就已经发现天然磁石(磁铁矿 Fe_3O_4)并将它用于军事和航海领域。但对物质磁性系统的理论研究还是从近代开始的。居里(Curie,1894 年)是近代物质磁性研究的先驱者,他不仅发现了居里点,还确立了顺磁性物质磁化率与温度成反比的实验规律(居里定律)。

20 世纪初,郎之万(Langevin,1905 年)将经典统计力学应用到具有一定大小的原子磁矩系统上,推导出了居里定律。外斯(Weiss,1907 年)假设铁磁性物质中存在分子场,在分子场的作用下原子磁矩有序排列,形成自发磁化,从而推导出铁磁性物质满足的居里—外斯定律。

以上理论属于经典理论范畴,随着量子理论的出现和发展,海脱勒(Heitler)和伦敦(London,1927 年)发现了交换作用能,这种交换作用能导致电子自旋取向的有序排列。弗兰克尔和海森伯以交换作用能为出发点,建立了局域电子自发磁化的理论模型,通常又称为海森伯交换作用模型,该模型成功地解释了自发磁化的成因,对铁磁理论的发展起了决定性的作用。

经典分子场理论由于忽略了交换作用的细节,因此在讨论低温和临界点附近的磁性行为时便出现了较大的偏差。如果稍微多考虑最近邻自旋的交换作用,即计入近程作用,则可对临近点附近的相变行为给出更好的解释;如果把自旋结构看成是整体激发,即考虑到交换作用的远程效果,则又可对接近 0K 的磁行为给出正确的解释,这就是由布洛赫创立的自旋波理论。

为了解释各种物质的磁性,在海森伯交换作用模型的基础上,克喇末(Kramers,1934 年)提出了超交换模型来解释绝缘磁性化合物(通常称为铁氧体)的磁性,在这种物质中,磁性离子被非磁性的阴离子(氧离子)所分开,并且几乎不存在自由电子,磁性壳层之间不存在直接的交叠。安德森(Anderson,1950 年)等人又对此模型做了改进,认为磁性离子的磁性壳层通过交换作用引起非磁性离子的极化,这种极化又通过交换作用影响到另一个磁性离子,从而使两个并不相邻的磁性离子,通过中间非磁性离子的极化而相互关联起来,于是便产生了磁有序。

为了解释稀土金属和合金中磁性的多样性,出现了 RKKY 作用模型。这一理论认为,稀土金属和合金磁性壳层中的 $4f$ 电子深埋在原子内层,波函数是相当局域的,相邻的磁性壳层也几乎不存在交叠,这种情况下的磁关联是通过传导电子作为中介而实现的,这种间接交换作用就称为 RKKY 作用。

以上解释绝缘磁性化合物和稀土金属的磁性理论,都是采用局域电子模型而得到满意的结果,但在解释过渡金属 Fe、Co、Ni 的磁性时遇到了困难。实验表明承担过渡金属磁性的 d 电子并非完全局域,因此局域电子模型存在着局限性,几乎在局域电子模型发展的同时,另一个重要的学派,即巡游电子模型也发展起来。

巡游电子模型认为,d 电子既不像 f 电子那样局域,也不像 s 电子那样自由,而是在各个原子的 d 轨道上依次巡游,形成了较窄的能带。因此需要采用能带理论方法进行处理。布洛赫(Bloch,1929 年)采用哈特—福克(Hartree-Fock)近似方法讨论了电子气的铁磁性。维格纳(Wigner,1934 年)指出了电子关联的重要性。在此基础上,斯托纳(Stoner,1936 年)、斯莱特(Slater,1936 年)和莫特(Mott,258 年)做出了一系列开创性的工作。赫令(Herring,1951 年)等人提出无规相近似(RPA)方法,计入了激发态电子与空穴的相互作用,成功地描述了基态附近的元激发以及自旋临界涨落现象。

守谷(Moriya,1973 年)等提出了自洽的重整化理论(SCR),它比传统的 RPA 理论更进了一步。SCR理论从弱铁磁和反铁磁的极限出发,考虑了各种自旋涨落模式之间的耦合,同时自洽地求出自旋涨落和计入自旋涨落的热平衡态,从而在自洽的弱铁磁性、近铁磁性和反铁磁性的许多特性上获得了新的突破。这一工作开拓了在局域电子模型和巡游电子模型之间寻求一种统一磁性理论的研究,使之成为固体理论研究中一个十分活跃的领域。

几十年来,局域电子和巡游电子模型在长期对立又相互补充地说明物质磁性内在规律的同时,也在不断地发展和深化,任何一种模型都很难单独地对自发磁化的全部内容(主要是自发磁化强度或是原子磁矩大小、自发磁化和温度的关系,磁相转变点的温度及其附近的规律性)给出较满意或合适的结果。总的看来,局域电子模型在自发磁化和温度的关系上以及居里点高低估计上比较成功;而巡游电子模型在给出过渡金属原子磁矩非整数的特性上比较成功。

3.2 磁畴及材料的磁化

3.2.1 磁畴的基本概念

磁性材料的最基本特征是自发磁化和磁畴。从能量的角度看,实际存在的磁畴结构一定是能量最小的,在通常的磁性材料中,如果没有分成磁畴(多畴),整块材料就只有1个磁畴(单畴),在其端面上将出现磁荷,因而存在着退磁能。如果在材料中形成了不同形状(片形畴、闭合畴、旋转结构等)的磁畴,便能够有效地降低退磁能,这样便处于比单畴更为有利的稳定状态。因此,材料内部出现磁畴结构是为了降低退磁能,即退磁能的存在决定着磁性材料内必须分成磁畴。实验事实证明,磁畴结构的形式以及这种形式在外部因素(磁场、应力等)作用下的变化决定了磁性材料性能的好坏,也是分析各种磁现象的基础。图3.2-1为几种典型的磁畴结构形式。

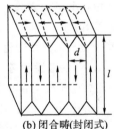

| (a) 片形畴(开放式) | (b) 闭合畴(封闭式) | (c) 旋转畴(封闭式) |

图 3.2-1　典型的磁畴结构示意图

磁性材料的晶体结构类型是影响其磁畴结构的重要因素。磁性材料一般都是多晶体而且往往结构不均匀,有的内部有很多掺杂物和空隙,这样会造成很复杂的磁畴结构并影响材料的性能。不同晶系单晶材料及多晶材料中的磁畴结构类型简单介绍如下:

单轴晶体的磁晶各向异性能都比较高,但饱和磁化强度 M_s 的差异较大。按照其大小可以分为两类:第一类是低 M_s 的,通常在$(300\sim400)\times10^3$ A/m 或$(600\sim700)\times10^3$ A/m,如 Ba,Sr,Ca,Pb 的铁氧体、MnBi 合金、RCo_5 化合物等。第二类是高 M_s 的,通常大

于 1000×10^3 A/m,如金属钴、铝镍钴合金等。

单轴晶体的磁畴结构有片形畴,片形畴变异结构(棋盘结构、蜂窝结构、波纹磁畴、片形－楔形畴结构),封闭畴,匕形封闭畴(封闭畴的变异),半封闭畴(片形畴和封闭畴的组合形式)等。其中片形畴较多地出现在第一类单轴晶体中,而封闭畴通常在第二类单轴晶体中居多。

立方晶体中的易磁化轴有 3 个(如 Fe 型)或 4 个(如 Ni 型),即易磁化方向有 6 个或 8 个。由于立方晶体中的易磁化轴比单轴晶体多,畴结构也比单轴晶体复杂,一般情况下多为封闭结构。

实际使用的磁性材料一般都是多晶体,结构不均匀并可能存在掺杂物及缺陷,而且易受材料处理条件及外界条件的影响,因此多晶材料中必然存在附加畴,使磁畴结构复杂化。如果磁性材料内部有应力,会造成局部各向异性,产生复杂的磁畴结构,也会影响材料的性能。在多晶体中,晶粒的方向是杂乱的,通常每一个晶粒中有许多磁畴(也有一个磁畴跨越 2 个晶粒的),它们的大小和结构同晶粒的大小有关。在同一颗晶粒内,各磁畴的磁化方向是有一定的关系的。在不同晶粒间,由于易磁化轴方向的不同,磁畴的磁化方向就没有一定关系了。就整块材料来说,磁畴有各种方向、材料对外显示各向同性。

畴壁是磁畴的重要组成部分,材料的技术特性与畴壁的结构、厚度和能量密切相关。相邻磁畴之间的过渡层称为畴壁,其厚度约等于几百个原子间距。畴壁的特性是它的厚度和表面能,它们对畴结构的形式和变化起着重要的作用;而畴壁的特性又由畴壁内原子磁矩所决定。畴壁有两种基本类型,即布洛赫壁和奈耳壁。

(1) 布洛赫壁

在布洛赫壁中,当磁畴内原子磁矩方向改变,在畴壁的内部和平面上不出现磁荷。由于这个特性,畴变的原子磁矩只能采取特殊的排列方式,即畴壁的每个原子磁矩,在畴壁法线方向的分量都必须相等。由图 3.2-2 可见,所有原子磁矩都只在与畴壁平行的原子面上改变方向,而且同一原子面的磁矩方向相同,所以它们在畴壁法线方向上的分量为零。

根据处理布洛赫畴壁的一般原理,单轴晶体内的 $180°$ 畴壁的厚度 δ_0 和表面能密度 γ 分别为:

$$\delta_0 = \sqrt{\frac{A}{K_1}} \qquad (3.2.1-1)$$

$$\gamma = 4 K_1 \delta_0 = 4 \sqrt{A K_1} \qquad (3.2.1-2)$$

式中,$A = JS^2/a$,J 为相邻原子电子之间的交换积分,S 为原子的总自旋角动量,a 为晶格常数,K_1 为单轴晶体的各向异性常数。

立方晶系中三轴晶体内 $180°$ 畴壁的厚度 δ_0 和表面能密度 γ 分别为:

$$\delta_0 = 2\pi \sqrt{\frac{A}{K_1}} \qquad (3.2.1-3)$$

$$\gamma = 2 \sqrt{A K_1} \qquad (3.2.1-4)$$

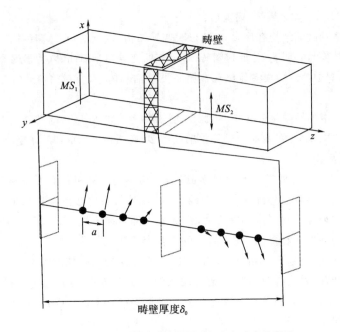

图 3.2-2　180°的畴壁内原子磁矩方向改变示意图

(2) 奈尔壁

　　布洛赫畴壁保证在畴壁的内部和畴壁的面上不出现磁荷,这一规则适合于大块样品。因为大块样品的厚度 D 远远大于畴壁的厚度 δ_0,畴壁平面内的退磁因子很小,所以出现磁荷而导致的能量项可以忽略不计。但是在铁磁薄膜样品中,样品厚度 D 与畴壁的厚度 δ 相当,如图 3.2-3(a)所示,这时,退磁能不可忽略。考虑了在畴壁内部和畴壁面积上出现磁荷而出现的退磁能影响,薄膜的畴壁特性会有显著变化。针对这种情况,奈耳提出了畴壁内原子磁矩方向改变的新方式,也就是原子磁矩的方向变化是在与样品表面平行的平面上进行,如图 3.2-3(b)所示。凡是这样的畴壁称之为奈耳壁。奈耳壁出现在铁磁薄膜样品中。

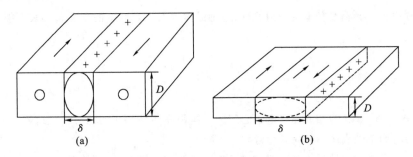

图 3.2-3　铁磁薄膜内的畴壁(a)布洛赫壁,(b)奈尔壁

　　与块体样品相比,铁磁薄膜样品具有特殊的性质,首先它的厚度不超过 $10^{-7} \sim 10^{-6}$ m;其次它的晶粒边界与晶体体积的比值远远超过块体材料。

与布洛赫壁的处理类似,奈耳壁的厚度 δ_N 和表面能密度 γ_N 如下。

$$\gamma_N = \frac{A\,\pi^2}{\delta_N} + \frac{K_1}{2}\,\delta_N + \frac{\mu_0}{\pi^2} \times \frac{M_s^2\,\delta_N D}{\delta_N + D} \qquad (3.2.1-5)$$

$$\frac{K_1}{2} + \frac{A\,\pi^2}{\delta_N^2} + \frac{2\,\mu_0\,M_s^2}{\pi^2} \times \left[\frac{D}{\delta_N + D} - \frac{\delta_N D}{(\delta_N + D)^2}\right] = 0 \qquad (3.2.1-6)$$

式中,D 为薄膜样品厚度;M_s 为饱和磁化强度;K_1 为各向异性常数;A 同布洛赫壁关系式中的常数相同。

薄膜中的奈耳壁使得样品内部有了体积磁荷,它的散磁场将影响到周围原子磁矩的取向,因此在薄膜内出现特殊的畴壁,外形很像交叉的刺,故称为交叉畴壁或十字畴壁。畴壁能量和样品厚度的关系如图 3.2-4 所示。当样品厚度不断增大时,出现布洛赫壁的能量是较低的;而在样品厚度逐渐变薄并趋近于 0 时,出现奈耳壁的能量是有利的。薄膜厚度 D 与畴壁类型的关系,大致分为 3 个范围:$D<200\text{Å}$,出现奈耳壁;$200\text{Å}<D<1000\text{Å}$,出现十字壁;$D>1000\text{Å}$,则为布洛赫畴壁。

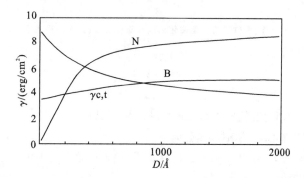

图 3.2-4　奈尔壁能量 γ_N,布洛赫壁能量 γ_B 和十字壁能量 $\gamma_{c,t}$ 与样品厚度的关系

3.2.2　静态磁化及反磁化过程

铁磁材料在一定磁场下磁化或反磁化的稳定状态称为静态过程。在稳恒磁场下,它们的状态一般不再随时间而变化。磁畴结构是研究铁磁体的磁化状态,磁化及反磁化过程的基础。目前不仅能够观察磁畴结构,而且采用各种磁相互作用能之和等于极小值的方法计算出了磁畴的分布、畴壁的厚度与畴壁能密度,该方法成为分析静态磁化与反磁化过程的重要方法。

(1) 静态磁化过程

磁化过程是指磁中性的铁磁体在外磁场的作用下,其磁化状态随外磁场发生变化的过程。对磁化过程的宏观描述是磁化曲线,它代表了磁性材料在外磁场作用下的基本特性。不同用途的磁性材料对其磁性能有不同的要求,因而对其磁化曲线的形状有不同的要求。

尽管不同材料的磁化曲线不同,但是典型的磁化曲线大致可分为以下几个阶段,如图 3.2-5 所示。

① 可逆壁移磁化区域(磁场很弱时)

在此区域磁化强度 M(或磁感应强度 B)与外磁场 H 保持线性关系,磁化过程是可逆

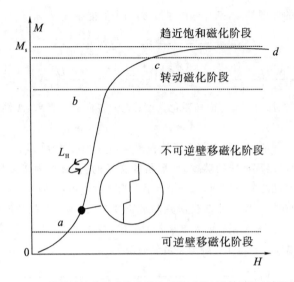

图 3.2 - 5 磁性材料的典型磁化曲线和磁化过程(圆内为巴克豪森跳跃)

的。因而有如下规律:

$$\begin{cases} \boldsymbol{M} = \chi_i \boldsymbol{H} \\ \boldsymbol{B} = \mu_i \mu_0 \boldsymbol{H} \end{cases} \tag{3.2.2-1}$$

其中 χ_i 和 μ_i 分别为起始磁化率和起始磁导率,是铁磁体的特征常数。

②不可逆壁移磁化区域(磁场略强时)

在此区域 $\boldsymbol{M}$(或 $\boldsymbol{B}$)与 $\boldsymbol{H}$ 不再保持线性关系,磁化开始出现不可逆过程,$\boldsymbol{M}$(或 $\boldsymbol{B}$)与 $\boldsymbol{H}$ 之间存在如下规律:

$$\begin{cases} \boldsymbol{M} = \chi_i \boldsymbol{H} + b \boldsymbol{H}^2 \\ \boldsymbol{B} = \mu_0 (\mu_i \boldsymbol{H} + b \boldsymbol{H}^2) = \mu_0 \mu \boldsymbol{H} \end{cases} \tag{3.2.2-2}$$

式中 $\mu = \mu_i + b\boldsymbol{H}$, b 为瑞利常数。$\boldsymbol{M}$(或 $\boldsymbol{B}$)随 $\boldsymbol{H}$ 增大而急剧增加,磁化率和磁导率经过其最大值 χ_m 和 μ_m,在这一区域可能出现剧烈的不可逆畴壁位移过程,出现巴克豪森跳跃,磁矩的变化较大,磁化曲线极其陡峻。

③转动磁化区域(磁场较强时)

转动磁化阶段是在较强磁场下进行的。磁化曲线逐渐比较平缓,到后期时,磁化过程又逐渐成为可逆过程。

④趋近饱和区域(强磁场时)

磁化曲线缓慢地升高,最后趋近于一水平线(技术饱和),这一阶段具有比较普遍的规律性。

⑥顺磁区域(更强磁场时)

技术磁化饱和后,进一步增加磁场,铁磁体的自发磁化强度 M_s 本身变大。由于外磁场远小于分子场,因此 M_s 随外磁场的增加是极其有限的,与之对应的顺磁化率一般都很小。

（2）畴壁位移过程

在畴壁位移过程中,铁磁体内自由能和外磁场能都将不断发生变化。铁磁体内自由能的变化主要是当畴壁在不同位置时畴壁能的变化、磁畴内应力能的变化以及内部散磁场能的变化等。畴壁的平衡位置决定于各部分自由能及外磁场能量的总和达到极小值的条件。图 3.2-6 表示了具有几个易磁化轴的磁性材料在外磁场作用下的壁移过程,其中外磁场方向为竖直向上的方向。

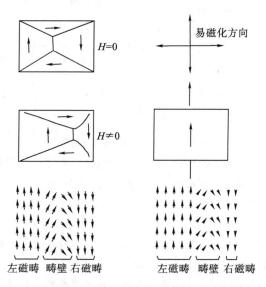

图 3.2-6　磁畴畴壁位移磁化示意图

畴壁位移可以分为可逆壁移和不可逆壁移两类。可逆壁移过程发生在弱磁场中的起始磁化区域,这一过程决定了一些重要的磁学量,如起始磁化率和可逆磁化率。在可逆壁移过程中,畴壁的各个位置都是稳定的平衡位置,如果减小磁场,畴壁可恢复原位置,即磁化曲线可沿原路线返回而无磁滞现象。而在不可逆壁移过程中,如果减小磁场,畴壁不能恢复原位置,磁化曲线也不能沿原路线下降,而出现磁滞现象。不可逆壁移过程对应于最大磁导率阶段。从不可逆壁移过程的磁化曲线可以看出,如果不增加磁场,磁化矢量依然增加(畴壁位移继续进行),形成一个跳跃。这种跳跃式的畴壁位移过程称为巴克豪森跳跃,它是由于畴壁处在非稳定状态而造成的。

畴壁位移的阻力来自材料内部结构的不均匀,例如内应力的不均匀、杂质和空洞分布不均匀等。由于目前对材料的不均匀性很难准确了解,因此只能建立简单模型进行半定量分析。目前有两种理论模型,即内应力理论和掺杂理论。

（3）磁化矢量转动过程

在没有外加磁场的自然条件下,铁磁体内各磁畴的磁化矢量均倾向于易磁化轴方向,这样可以使得其能量最低。当出现外加磁场后,磁化矢量开始发生转动,该过程分为可逆和不可逆畴转两类。当磁畴转动时,其磁各向异性能(包括磁晶各向异性能、应力各向异性能、形状各向异性能等)都会增加,但是因为磁畴转向外磁场的方向,会使得磁场能降低。因此转角的大小由磁各向异性能与外磁场能之和等于极小值来确定。图 3.2-7 表示了磁畴的磁化强度矢量克服磁晶各向异性(或应力各向异性)的阻力而转向外磁场方向的过程,即畴转过程。

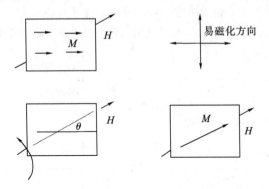

图 3.2-7 磁畴转动磁化示意图

铁磁性材料的磁化过程,通常首先为可逆壁移过程,完成后是不可逆壁移过程,不可逆壁移结束后开始可逆和不可逆磁化矢量转动过程,不可逆磁化矢量转动过程对应于磁化曲线的趋近饱和阶段。有一些特殊的情况,例如坡莫合金中的恒导磁材料、磁导率不太高的铁氧体材料,以及强外力作用下的坡莫合金丝等,其起始磁化阶段即为可逆磁化矢量转动过程。磁化矢量转动的阻尼来源于各种形式的磁各向异性能。

(4) 静态反磁化过程

反磁化过程是指铁磁体沿一个方向达到技术饱和磁化状态后逐渐减小磁场到零,然后再沿相反方向达到技术饱和磁化状态的过程。和磁化过程一样,反磁化过程也通过两种方式进行,即畴壁位移(壁移)和磁化矢量转动(畴转)两种。反磁化过程的主要特征是存在磁滞现象,即磁化强度的变化落后于磁场变化的现象,磁滞现象来自不可逆磁化过程,它的表现形式是磁滞回线,即磁化强度 M 或磁感应强度 B 随磁场强度 H 的变化所形成的闭合曲线,如图 3.2-8 (a)和图 3.2-8 (b)所示。

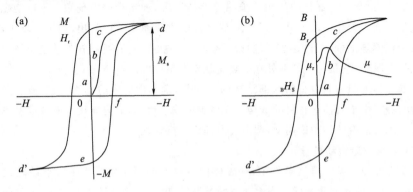

图 3.2-8 磁滞回线示意图
(a)$M-H$ 磁滞回线;(b)$B-H$ 磁滞回线

在磁滞回线图中可定义 3 个主要磁学量:剩余磁化强度 M_r、矫顽力 H_c 和最大磁能积 $(BH)_{max}$。当磁性材料磁化到饱和后,将 H 减为零,则磁化强度 M 或磁感应强度 B 也将减小,但是由于材料内部存在的各种杂质和不规则应力所产生的摩擦性阻抗,使 M 和 B 不能回到零,而沿另一条曲线回到 M_r 和 B_r,称为剩余磁强度 M_r 或剩余磁感应强度 B_r;如果要使 M 或 B 减到零,必须加上足够大的反向磁场,该磁场强度称为内禀矫顽力 $_MH_c$ 或 $_BH_c$,$_MH_c$ 总是大于 $_BH_c$。

矫顽力 H_c 是表征磁滞的主要磁学量,它代表反磁化所对应的磁场。一般磁性材料都有相应的磁滞回线,但由于磁特性的不同,其磁滞回线的形状差异较大。常用的软磁铁氧体和硬磁铁氧体的磁滞回线如图 3.2-9 所示。

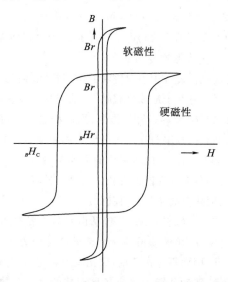

图 3.2-9　铁氧体软磁和硬磁材料的磁滞回线比较

磁滞现象的存在说明磁化和反磁化过程有能量损耗。铁磁体在磁化一周的过程中,所损耗的外磁场能等于磁滞回线所包围的面积,这些能量以热的形式放出。根据反磁化过程中壁移和畴转的阻力来源,产生磁滞的各种可能机理主要包括如下几种:第一,在畴壁不可逆位移过程中,由应力和掺杂所引起的磁滞;第二,"反磁化核"的成长过程导致磁滞;第三,晶格的点缺陷、面缺陷对畴壁的钉扎所引起的磁滞;第四,在磁化矢量不可逆转动过程中,由磁各向异性能引起的磁滞。

在畴壁不可逆位移过程中,应力的起伏和杂质的分布是壁移过程中自由能变化的两种机制,根据应力和杂质的作用差异,目前存在两种矫顽力理论,即内应力理论和掺杂理论。

内应力理论得到以下几点定性结论:第一,临界磁场 H_0 或矫顽力 H_c 随内应力平均值的增大而增大;第二,当内应力的变化周期与畴壁厚度 δ_0 有相同数量级时,H_0 或 H_c 达到最大。掺杂理论得到的定性结论为:第一,H_0 或 H_c 随掺杂物质浓度的增加而增加;第二,当掺杂物质的弥散度使畴壁厚度 $\delta \approx d$(杂质的球半径)时,H_0 或 H_c 达到最大值;第三,H_0

或 H_c 的温度依赖性基本由有效各向异性常数 $K_{有效}(T)$ 和 $M_S(T)$ 对于温度的依赖性决定。

在反磁化过程开始时,铁磁样品沿某一方向已经达到了技术饱和磁化状态,此时由于壁移过程已经完成,因此在饱和磁化状态下的样品中不存在反磁化畴。其在反磁化过程中畴壁移动机理如下:任何大块铁磁材料,即使是相当完整的晶体,都不可避免地存在着局部的内应力和掺杂,其内部的部分小区域,磁化矢量与整体磁化强度的方向偏离,这些区域由于体积较小,故被称为"反磁化核"。一旦受到足够强的反磁化场,反磁化核将成长为反磁化畴,从而为反磁化过程的畴壁位移创造条件。根据反磁化核成长理论,反磁化核能继续长大的条件为:

$$2\mu_0 \boldsymbol{H}\boldsymbol{M}_s \mathrm{d}_v \geqslant \mu_0 \, \boldsymbol{H}_0 \, \boldsymbol{M}_S \, \mathrm{d}_v + \gamma \, \mathrm{d}_s + \mathrm{d} \, F_{退磁} \qquad (3.2.2-3)$$

式中,$2\mu_0 \boldsymbol{H}\boldsymbol{M}_s \mathrm{d}_v$ 为磁场能的变化;$\gamma \mathrm{d}_s$ 为由于核的表面积增加 d_s 而引起的畴壁能的增加,γ 为畴壁能密度;$\mathrm{d}F_{退磁}$ 为退磁能的变化。

"形核"与"钉扎"是反磁化过程中引起磁滞的不同机制,但都是由掺杂物质的作用所引起。缺陷在反磁化过程中有利于形成反磁化核,缺陷数目越多,反磁化核越容易形成,矫顽力就越低;另外,缺陷对畴壁具有钉扎作用,阻碍畴壁移动,使矫顽力提高。钉扎作用主要由两种机制产生:第一,缺陷产生局部的应力能和散磁场能,这些能量对畴壁的结构和畴壁能密度将产生影响;第二,缺陷部位的交换常数、磁晶各向异性常数将发生变化,直接造成交换能和磁晶各向异性能的变化。由于无外场时畴壁总是位于畴壁能最小的地方,因此上述能量的变化对畴壁具有钉扎效应。

对于由单畴粒子组成的铁磁材料来说(包括由单畴颗粒制备的铁氧体材料、微粉合金材料、单畴结构的磁性薄膜、单畴脱溶粒子组成的高矫顽力合金等),其单畴粒子被非磁性或弱磁性材料所隔开,因而不存在畴壁,磁化及反磁化过程只能通过磁化矢量 $\boldsymbol{M}_s$ 的转动来完成。磁化矢量 $\boldsymbol{M}_s$ 转动的阻力来自各种形式的磁各向异性能,对于由此造成的磁滞,获得最大矫顽力的条件为:第一,各粒子均畴,不受磁场影响,而且各粒子的晶轴取向完全一致,$\boldsymbol{M}_s$ 的转动也一致;第二,粒子堆积成样品,浓度极小时,近似于独立状态,当单轴粒子集合体中的粒子密度增大时,必须考虑粒子间的磁相互作用,这种相互作用存在使得集合体的矫顽力降低。

3.2.3　动态磁化过程

与静态磁化过程相比,铁磁体在交变磁场中的磁化过程称为动态磁化过程,有以下几个显著的特点:①由于磁场在不停地变化,因此磁感应强度的变化落后于磁场变化,表现为磁感应强度比外加的交变磁场落后一相位,其磁导率为一个复数,而在静磁场下,其磁导率是实数,各向同性的铁磁物质在交变磁场中的复磁导率,不仅随外加磁场的幅值和外加磁场的频率变化,而且在不同的频段,决定复数磁导率的物理机制也不相同;②各向同性的铁磁物质在交变磁场中(特别是在高频的交变场中)往往处在交变磁场和交变电场的同时作用下,铁磁物质往往也是电介质(如铁氧体),因而处在交变场中的铁磁物质同时显示其铁磁性和介电性;③在动态磁化过程中,不仅存在着磁滞损耗,还存在着涡流损耗以及由磁后效、畴壁共振、自然共振所产生的能量损耗，故能量损耗明显增大。

在静态和准静态的情况下，各向同性和均匀的铁磁物质磁导率为标量和实数；如果铁磁物质为各向异性，则其磁导率为张量 μ，即 $\mu=\boldsymbol{BH}$，写成分量形式为：

$$\begin{cases}\boldsymbol{B}_1 = \mu_{11}\,\boldsymbol{H}_1 + \mu_{12}\,\boldsymbol{H}_2 + \mu_{13}\,\boldsymbol{H}_3 \\ \boldsymbol{B}_2 = \mu_{21}\,\boldsymbol{H}_1 + \mu_{22}\,\boldsymbol{H}_2 + \mu_{23}\,\boldsymbol{H}_3 \\ \boldsymbol{B}_3 = \mu_{31}\,\boldsymbol{H}_1 + \mu_{32}\,\boldsymbol{H}_2 + \mu_{33}\,\boldsymbol{H}_3\end{cases} \tag{3.2.3-1}$$

式中，$\boldsymbol{B}_i,\boldsymbol{H}_j(i,j=1,2,3)$ 分别为磁感应强度和外加稳恒磁场的分量，μ_{ij} 为磁导率张量的分量，且为实数。

在动态磁场的情况下，磁导率将不再是实数而是复数。如果还有恒定磁场的同时作用，则各向同性铁磁物质的磁导率也是张量。将振幅为 H_m、圆频率为 ω 的如下交变磁场：

$$\boldsymbol{H} = H_m\cos\omega t = H_m e^{i\omega t} \tag{3.2.3-2}$$

作用在各向同性的铁磁物质上，由于存在阻碍磁矩运动的各种阻尼作用，磁感应强度 $\boldsymbol{B}$ 将落后于外加磁场 $\boldsymbol{H}$ 某一相位角 δ（也称损耗角），$\boldsymbol{B}$ 可表示为：

$$\begin{aligned}\boldsymbol{B} &= B_m\cos(\omega t - \delta) \\ &= B_m\cos\delta\cos\omega t + B_m\sin\delta\cos\left(\omega t - \frac{\pi}{2}\right)\end{aligned} \tag{3.2.3-3}$$

或写成复数形式 $\boldsymbol{B}=B_m e^{i(\omega t-\delta)}$。因此，铁磁物质在交变磁场中复数磁导率可表示为：

$$\tilde{\mu} = \frac{1}{\mu_0}\times\frac{\boldsymbol{B}}{\boldsymbol{H}} = \frac{B_m}{\mu_0 H_m}e^{-i\delta} = \mu' - i\mu''$$

在上式中，$\mu' = \dfrac{B_m}{\mu_0 H_m}\cos\delta$，$\mu'' = \dfrac{B_m}{\mu_0 H_m}\sin\delta$。

在静态磁化过程中，没有考虑磁化强度达到稳定状态的时间效应。实际上，由于磁化过程中的壁移和畴转都是以有限速度进行的，当磁场发生突变时，相应磁化强度的变化在磁场稳定后还需要一段时间才能稳定下来。因此把磁化强度逐渐达到稳定状态的时间称为磁化弛豫时间，而把这一过程称为磁化弛豫过程。

在动态磁化过程中，磁化弛豫过程将导致磁频散，即复数磁导率的实部与虚部都随频率而变化的现象，而复数磁导率随频率的变化关系称为磁谱。磁化弛豫和磁频散是同一物理过程在静态和动态磁化过程中的两种表现形式。磁谱的广义定义是物质的磁性与磁场频率的关系，包括顺磁物质的弛豫和共振现象，以及铁磁共振现象。磁谱的狭义定义则仅指强磁性物质在弱交变磁场中的起始磁导率与频率的关系。铁氧体磁性材料典型的磁谱图大体分成 5 个频率区域（图 3.2-10），在不同的频段内，不同的机理起着主要作用，各区域的特征如下：

第一区：低频阶段（$f<10^4$ Hz），μ' 和 μ'' 变化很小。

第二区：中频阶段（10^4 Hz$<f<10^6$ Hz），μ' 和 μ'' 变化也很小，有时 μ'' 出现峰值，称为内耗，也有时出现尺寸共振和磁力共振现象。

第三区：高频阶段（10^6 Hz$<f<10^8$ Hz），μ' 急剧下降而 μ'' 迅速增加，主要是由于畴壁的共振或弛豫。

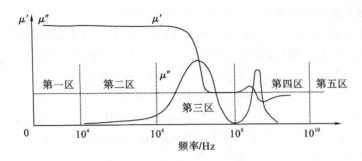

图 3.2 - 10　铁氧体的典型磁导率普曲线

第四区：超高频阶段（10^8 Hz$<f<10^{10}$ Hz），出现共振型磁谱曲线，主要属于自然共振。

第五区：极高频阶段（微波～红外，$f>10^{10}$ Hz），属于自然交换共振区域，实验观测尚不多。

3.3　磁化过程的能量损耗

铁磁材料在动态磁化过程中，一方面被磁化，另一方面存在能量损耗。磁损耗是指和磁化或反磁化过程相联系的涡流、磁滞、磁化弛豫、磁后效、各种共振损耗等。在不同的交变磁场频段内以及不同磁场幅值范围内，磁损耗机制各不相同。

（1）磁滞损耗

由畴壁的不可逆移动或磁矩的不可逆转动所引起的磁感应强度随磁场强度变化的滞后效应，称之为磁滞效应。当外加磁场较小时，铁磁体的磁化是可逆的，不存在磁滞效应，这种磁场范围称为起始磁导率（μ_i）范围。超过起始磁导率范围就会出现磁滞效应，如果所加的磁场振幅不大，则磁化一周得到的磁滞回线可以用解析式来表示。这种磁滞回线称为瑞利磁滞回线，所对应的磁场范围称为瑞利区（静态磁化的不可逆壁移磁化区域），它对应于低频弱磁场区域。

（2）涡流损耗

当外加交变磁场作用于铁磁导体时，铁磁导体内的磁通量及磁感应强度发生相应的变化，根据电磁感应定律，将在铁磁导体内产生垂直于磁通量的环形感应电流，即涡电流。这种涡流反过来又将激发一个磁场来阻止外加磁场引起的磁通量变化。因此，铁磁导体内的实际磁场（或磁感应强度）总是滞后于外加磁场，这是涡流对磁化的滞后效应。这种效应如果发生在外加磁场的频率较大，铁磁导体的电阻率又较小时，则有可能使得在铁磁导体内部几乎完全没有磁场而只存在于表面中，这就是趋肤效应。涡流对铁磁体的复数磁导率产生影响，在铁磁导体内产生焦耳热，造成能量损耗，这种损耗称为涡流损耗。对于不同形状的铁磁体，由于它们的麦克斯韦方程边界条件不同，磁导率及功率损耗的具体计算稍有不同。

（3）磁后效损耗

磁后效现象是指铁磁材料的磁感应强度（或磁化强度）随磁场变化的延迟现象。前面提到的磁滞效应和涡流效应中都存在延迟现象,但与磁后效引起的延迟现象有本质的区别。磁滞效应是由畴壁的不可逆移动或磁矩的不可逆转动所引起的磁感应强度随磁场强度变化的滞后效应,涡流效应所引起的延迟现象则是一种电磁现象。而磁后效所产生的延迟现象,包括如下的几种机制和类型:

①扩散磁后效

当铁磁体磁化时,为了满足自由能最低的要求,某些电子或离子向稳定的位置做滞后于外加磁场的扩散,使磁化强度逐渐地趋向于稳定值。这种磁后效称为扩散磁后效,它是一种可逆的磁后效。

②热涨落磁后效

当铁磁体磁化时,磁化强度不是立即达到稳定值,而是先达到某一种亚稳定状态,然后由于热涨落的缘故,滞后地达到新的稳定态。这种磁后效称为热涨落磁后效,它是一种不可逆的磁后效。

(4)尺寸共振损耗

尺寸共振现象,是指电磁波在介质中传播时,当介质样品(或内部颗粒)尺寸接近或等于 $\lambda/2$(电磁波在介质中的波长为 λ)的整数倍时,则将在样品内部形成驻波,因而强烈地吸收电磁波能量的现象。

$$\lambda = \frac{c}{f\sqrt{\varepsilon\mu}}$$

式中,c 为光速。为了增大电磁波的吸收或损耗,可根据电磁波的使用频率、介质磁导率和介电常数,控制样品尺寸(或内部颗粒、晶粒尺寸等)大小,使之接近或等于 $\lambda/2$ 的方法来实现。也就是说,材料的特征尺寸是电磁波吸收与损耗的重要因素。

(5)自然共振

自然共振可以认为是铁磁共振的一种特殊形式,铁磁共振是当圆频率为固定值 ω 的外加交变磁场 H_e 作用于铁磁介质并满足 $\omega_0=\gamma H e=\omega$ 条件时,出现复数磁化率或者磁导率极大值的现象。对于铁磁晶体(单晶或多晶)材料,由于存在磁晶各向异性等效场,因此在没有外加稳恒磁场的情况下也会发生类似的共振,这种共振现场称为自然共振。

(6)畴壁共振

当铁磁材料受到交变磁场影响时,畴壁将因受到力的作用而在其平衡位置附近振动。当外加交变磁场的频率等于畴壁振动的固有频率时所发生的共振就称为畴壁共振。根据畴壁运动阻尼系数的不同,畴壁共振可以分为共振型和驰豫型两种,当阻尼系数较小时,畴壁共振圆频率为畴壁的本征圆频率,此时为共振型。当阻尼系数较大时,畴壁的共振圆频率为畴壁运动的驰豫圆频率,此时为驰豫型畴壁共振。

第4章 吸波剂及吸波材料测量方法

4.1 吸波剂吸收机理及性能表征

飞行器降低雷达反射截面积(RCS)的技术主要有两种,一种是通过飞行器的外形设计减少其有效反射截面,另一种就是利用电磁波吸波材料(RAM)使得飞行器自身对雷达波产生衰减作用,从而达到降低 RCS 的目的。RAM 主要可分为结构吸波材料和涂层吸波材料,但无论是结构吸波材料还是涂层吸波材料都需要添加对电磁波具有吸收作用的吸波剂,吸波剂的性能对材料的吸波效果具有决定性作用,因此吸波剂是吸波材料的核心技术,要制备良好的 RAM,首先要有高性能的吸波剂。

吸波剂按照其作用原理分为介电型吸波剂和磁性吸波剂。介电型吸波剂主要通过与电场的相互作用来吸收电磁波,吸收效率取决于材料的介电常数,主要有以炭黑、碳化硅以及特种纤维等为代表的电阻型吸波剂和以钛酸钡铁电陶瓷等为代表的电介质型吸波剂,但电介质型吸波剂的介质损耗受电磁波的影响较大,吸收频带较窄,应用较少。磁性吸波剂对电磁波的衰减主要来自于磁损耗,如铁氧体和羰基铁粉等,目前已经获得了广泛的应用,本书主要对磁性吸波剂进行介绍。

4.1.1 吸波剂的吸收机理

由第 2 章电磁波理论可以得知,当平面电磁波入射到介质表面时将会发生反射和透射现象,以单层吸波材料为例,界面处微波的反射系数取决于界面处波阻抗 Z_{in} 与空气阻抗 Z_0 的差异:

$$R = \frac{Z_{in} - Z_0}{Z_{in} + Z_0} \tag{4.1.1-1}$$

由传输线理论可知,界面处波阻抗由传输线的特性阻抗和负载阻抗决定:

$$Z_{in} = Z_c \frac{Z_L + Z_c \tanh(kd)}{Z_c + Z_L \tanh(kd)} \tag{4.1.1-2}$$

式子中,Z_c 和 Z_L 分别表示吸波材料特性阻抗和负载阻抗,而特性阻抗 Z_c 取决于材料的等效电磁参数:

$$Z_c = \sqrt{\frac{\mu_r \mu_0}{\varepsilon_r \varepsilon_0}} \tag{4.1.1-3}$$

这里,μ_0 和 ε_0 分别表示真空磁导率和真空介电常数,μ_r 和 ε_r 分别为材料的等效相对介电常数和等效相对磁导率,在微波频段二者皆为复数,可以表示为:

$$\varepsilon_r = \varepsilon' - j\varepsilon'' \tag{4.1.1-4}$$

$$\mu_r = \mu' - j\mu'' \qquad (4.1.1-5)$$

在式子(4.1-2)中 k 表示传播常数：

$$k = j\omega\sqrt{\mu_r\mu_0\varepsilon_r\varepsilon_0} = \alpha + j\beta \qquad (4.1.1-6)$$

其中 α 表征电磁波在介质中的衰减，称为衰减系数，β 为相位因子，ω 为角频率，可以求得：

$$A = \omega(\mu'\mu_0\varepsilon'\varepsilon_0)^{\frac{1}{2}}$$
$$\left\{2\left[\frac{\mu''\varepsilon''}{\mu'\varepsilon'} - 1 + \left(1 + \frac{\mu''^2}{\mu'^2} + \frac{\varepsilon''^2}{\varepsilon'^2} + \frac{\mu''^2\varepsilon''^2}{\mu'^2\varepsilon'^2}\right)^{1/2}\right]\right\}^{1/2} \qquad (4.1.1-7)$$

由以上可以看出，无论是电磁波在界面处的反射还是在介质中的衰减，均与介质材料的介电常数和磁导率密切相关，因而研究吸波材料的实质就是设计材料的组分和结构形式，通过调整和优化材料的电磁参数从而达到对入射波尽可能多的吸收，而吸波剂的作用就是用来调整材料的电磁参数以增加材料对电磁波的吸收，因此吸波剂的电磁参数对材料的电磁波吸收性能至关重要。

4.1.2　复数磁导率的物理意义

磁介质在外磁场中会被磁化，磁介质的磁化程度用磁化强度 M 描述。在静磁场中，大多数各向同性的磁介质内部任一点的磁化强度 M 和该点的磁场强度 H 成正比，比例系数 χ_m 为恒量，称为磁化率，即

$$M = \chi_m H \qquad (4.1.2-1)$$

介质中的磁感应强度 B 可以表示为：

$$B = \mu_0(H + M) = \mu_0(1 + \chi_m)H = \mu_0\mu_r H \qquad (4.1.2-2)$$

式中，μ_0 称为真空磁导率，其数值和单位为：$\mu_0 = 4\pi \times 10^{-7} H \cdot m^{-1}$，$\mu_r$ 为相对磁导率。

当外加磁场为交变场时，由于存在磁滞效应、涡流效应、磁后效、畴壁共振和自然共振等，介质磁化状态的改变在时间上落后于外场的变化，需要考虑磁化的时间效应。当外加交变磁场的振幅为 H_m，角频率为 ω 时，可表示为：

$$H = H_m\cos\omega t \qquad (4.1.2-3)$$

则相应的磁感应强度 B 也呈周期性变化，但在时间上落后 H 一个相位差 δ，设其振幅为 B_m，则 B 可表示为：

$$B = B_m\cos(\omega t - \delta) \qquad (4.1.2-4)$$

在动态磁化过程中，为表示交变场中 B 和 H 的关系，引入复数磁导率的概念，用它来同时反映 B 和 H 之间振幅和相位的关系，将 B 和 H 都用复数形式表示：

$$\tilde{H} = H_m e^{j\omega t} \qquad (4.1.2-5)$$

$$\tilde{B} = B_m e^{j\omega t} \qquad (4.1.2-6)$$

则可求得复数形式的相对磁导率：

$$\mu_r = \frac{\tilde{B}}{\mu_0\tilde{H}} = \frac{B_m}{\mu_0 H_m}e^{ij\delta} = \frac{B_m}{\mu_0 H_m}(\cos\delta - j\sin\delta) \qquad (4.1.2-7)$$

所以有：

$$\begin{cases} \mu' = \dfrac{B_m}{\mu_0 H_m} \cos\delta \\[3mm] \mu'' = \dfrac{B_m}{\mu_0 H_m} \sin\delta \end{cases} \qquad (4.1.2-8)$$

均匀交变场中铁磁体在单位时间、单位体积内的平均能量损耗为：

$$P = \frac{1}{T}\int_0^T \boldsymbol{H} \cdot \mathrm{d}\boldsymbol{B} = \frac{1}{T}\int_0^T H_m \cos\omega t \, B_m \sin(\omega t - \delta)\omega \cdot \mathrm{d}t$$

$$= \frac{1}{2}\omega H_m B_m \sin\delta \qquad (4.1.2-9)$$

考虑到式子(4.1.2-8)，可以得到：

$$P = \frac{1}{2}\omega\mu\mu'' H_m^2 \qquad (4.1.2-10)$$

即在交变场中磁介质内储藏的能量密度与复数磁导率的实部成正比。

4.1.3　吸波剂的性能表征

(1)电磁参数

由前面可以看出,介电常数和磁导率是表征吸波剂特性的本征参数,在交变磁场作用下二者分别用复数形式表示为 $\varepsilon_r = \varepsilon' - j\varepsilon''$, $\mu_r = \mu' - j\mu''$, 由式(4.1-7)衰减常数的表达式可以看出,从介质对电磁波吸收的角度考虑,在 ε' 和 μ' 足够大的基础上, ε'' 和 μ'' 越大越好。

但是设计中还需要考虑材料阻抗的匹配,因此 ε_r 和 μ_r 的实部和虚部并非简单地越大越好,而应当根据吸波材料的设计来确定电磁参数的最佳值,既要考虑阻抗匹配,减少电磁波在入射界面的反射,又要考虑加强对已进入介质电磁波的吸收,避免电磁波被再次反射。

从吸波剂的实际应用状况看,主要希望 ε_r 和 μ_r 的实部、虚部以及它的模值尽可能大。另外在频率特性方面, ε_r 和 μ_r 模值随着频率的提高而降低。为了拓宽吸收频带, ε_r 和 u_r 在低频处应尽可能高,随频率的升高而逐渐降低。

(2)密度

由于吸波剂目前主要用于飞行器,因此减小密度、降低质量对提高飞行器性能非常重要。吸波剂密度包括松装密度、摇实密度以及真密度。粉剂自由流落于规定的标准容器中得到的密度为松装密度;粉剂填入规定的标准容器中,进行摇实,使粉充满容器时的密度称为摇实密度;真密度是利用比重瓶测得的密度。密度不同的吸波剂所测得的电磁常数差别很大。另外吸波剂密度(如果反映在复合材料当中,即吸波剂的百分含量)对电磁波整体吸收效果影响极大。根据电磁参数和阻抗匹配原理,吸波剂密度对吸波效能有一个最佳值。

(3)吸波剂的粒度

吸波剂的粒度对电磁波的吸收性能以及吸收频段有较大影响。吸波剂粒度的选择有两种趋向:首先是吸波剂粒度趋于微型化、纳米化,这是目前研究的热点。当颗粒细化为纳米粒子时,由于尺寸小、比表面积大,纳米颗粒表面的原子比例高,悬挂化学键多,增大了纳米材料的活性。界面极化和多重散射是纳米材料具有吸波特性的主要原因;其次是吸波单元的非连续化,吸波剂细化以后,其在基体中逾渗点出现较早,容易形成导电网络,对电磁波反射较强,电磁波不易进入材料内部被吸收;若吸波剂含量控制在逾渗点以下,则不足以充分吸收电磁波。所以应该在吸波材料内形成非连续吸波单元,在每个吸波单元内尽可能增加其吸波剂含量,这样吸收体与自由空间阻抗能形成良好的匹配,电磁波能最大限度地进入材料内部,吸波频段大大拓宽,吸波效能大大提高。

(4)吸波剂的形状

除吸波剂颗粒含量、粒度以及聚集状态外,吸波剂颗粒形状也会影响材料的吸波性能。吸波剂的形状主要有球形、菱形、树枝状、片状以及针状等。颗粒中含有一定数量的圆片状或针状结构时,吸波材料的吸波效能大于含其他形状的吸波材料。吸波剂的形状结构将直接影响吸波剂的电磁参数和散射效应,从而影响到其吸波性能。

(5)化学稳定性和耐环境性能

在吸波材料的制备中,吸波剂需要与溶剂或其他物质混合,并且加工工艺中常常要经过高温过程,在使用过程中也会遇到高温条件,另外用于武器系统时经常需要经受苛刻的环境,包括大气、海水、油污、酸碱等,需要具备抗腐蚀能力,因此吸波剂必须具备良好的化学稳定性和环境稳定性,在各种应用状态中保证材料的设计性能。

(6)工艺性

吸波剂一般不能单独使用,需要和其他物质一起制成一定结构形式才能使用,因此就需要具有良好的工艺性能,以便与其他物质混合或掺杂。例如对于粉体形式的吸波剂,粒度大小除对材料电磁性能有影响外,还对工艺性有影响,如果粒度太小,在制备过程中难以分散,而如果粒度太大,则无论是制备吸波涂层还是吸波结构,都会降低材料的力学性能,影响使用效果。

由此可知,具体评价任何一种吸波剂时,都需要综合考虑其各方面的性能,此外,为了获得广泛的应用,吸波剂在保证性能的基础上,还应当尽可能降低生产成本,并具有批生产能力。

4.2　吸波材料电磁参数测量方法

4.2.1　简介

吸波材料的电磁参数是两个复数常数,即复数介电常数 $\tilde{\varepsilon}$ 和复数磁导率 $\tilde{\mu}$:

$$\tilde{\varepsilon} = \varepsilon_0\,\varepsilon_r = \varepsilon_0(\varepsilon' - j\,\varepsilon'') \tag{4.2.1-1}$$

$$\tilde{\mu} = \mu_0\,\mu_r = \mu_0(\mu' - j\,\mu'') \tag{4.2.2-2}$$

式中,ε_0 是自由空间的介电常数,$\varepsilon_0 = 8.854 \times 10^{-12}\,F/m$;$\mu_0$ 是自由空间的磁导率,$\mu_0 = 4\pi \times 10^{-17}\,H/m$,$\varepsilon_r$ 和 μ_r 分别为材料的复数相对介电常数和复数相对磁导率:

$$\varepsilon_r = \frac{\tilde{\varepsilon}}{\varepsilon_0} = \varepsilon' - j\,\varepsilon'' = \varepsilon'(1 - j\tan\delta_\varepsilon) \tag{4.2.2-3}$$

$$\mu_r = \frac{\tilde{\mu}}{\mu_0} = \mu' - j\mu'' = \mu'(1 - j\tan\delta_\mu) \qquad (4.2.2-4)$$

式中，$\tan\delta_\epsilon$ 以及 $\tan\delta_\mu$ 分别为材料的电损耗角正切和磁损耗角的正切。工程测量中，需确定的参量便是式(4.2-3)和式(4.2-4)定义的 ϵ_r 和 μ_r。

如果从电磁场与样品相互作用的共同性出发，这些测量分为以下内容：

(1)多态反射测量，即样品终端不同状态下的反射测量，为了得到材料的 ϵ_r 和 μ_r 两个复参数至少要进行双态反射测量。最广泛应用的是短路和开路两个状态。它的缺点是不能对高损耗的材料进行测量。因为高损耗样品终端不同状态时，反射信号的振幅和相位都只有很小的变化。而当特高损耗时，终端状态的变比不再影响反射信号，该测量只能测量一个复参数。

(2)多厚度透射测量，即在不同样品厚度下测量透射信号的振幅和相位。要求解两个复参数，至少要取双厚度进行测量。由于吸波材料的 ϵ_r 和 μ_r 的求解结果随样品厚度呈周期性变化，故常得到不甚满意的结果。

(3)多角度透射测量，即电磁波在不同入射角下的透射衰减测量。要获得两个复参数，至少要进行 4 个不同入射角下的透射衰减测量。该方法仅适用于自由空间状态，当频率升高到相位的测量精度降低时，它有广泛的应用前景。

(4)反射—透射测量，即同时测量反射和透射信号的振幅和相位，从而获得材料的两个复参数，该方法的优点是：①仅需单个样品；②反射信号的动态范围比多态测量大；③既利用了高损耗材料透射测量精度较高的优点，又克服了在双厚度透射测量中样品性能不一致的缺点。因而目前在频域法、时域法和相关法的测量中都得到了广泛的应用。

完成上述这些测量，目前常用的测量方法与技术包括以下几种：①测量线驻波法；②电桥法；③平衡电桥—干涉法；④矢量网络分析仪技术；⑤单或双六端口技术；⑥时域技术。

4.2.2　驻波法测量

驻波法是将填充吸波介质试样的波导段或同轴线段作为传输系统的一部分来测量它的电磁参数。常用的方法是终端"短路"、"开路"法。在这种方法中，吸波介质试样段接在传输系统的末端，并在它的输出端接"短路"或"开路"器(即 $\lambda/4$ 短路器)来产生全反射波，根据吸波介质试样段引起的驻波最小点偏移和驻波系数变化，确定介质的电磁参数。原理见图 4.2-1。

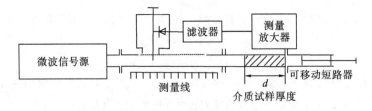

图 4.2-1　驻波法测量介质电磁参数示意图

在终端"短路"和"开路"两种情况下,介质试样的归一化输入阻抗按式(4.2.2-1)计算:

$$Z_i = \frac{\rho\lambda\left[1 + \tan\left(\frac{2D}{\lambda_g}\right) - j\left(\rho^2 - 1\right)\tan\left(\frac{2D}{\lambda_g}\right)\right]}{\rho^2 + \tan^2\left(\frac{2D}{\lambda_g}\right)} \qquad (4.2.2-1)$$

在上式中:D 表示驻波最小点到介质试样输入端的距离;P 为波导段中装有介质试样时的驻波系数;其中 λ_g 表示电磁波的波导波长。

$$\lambda_g = \frac{\lambda_0}{\sqrt{1 - \left(\frac{\lambda_0}{\lambda_c}\right)^2}} \qquad (4.2.2-2)$$

其中,λ_0 为自由空间的波长;λ_c 为波导的截止波长。TE_{10} 模式下,$\lambda_c = 2a$,a 为波导宽边尺寸。

以终端"短路"时的 D 和 P 代入式(4.2.2-1)求得 $Z_{i短路}$,以终端"开路"时的 D 和 P 代入式求得 $Z_{i开路}$。则介质试样段的归一化特性阻抗为:

$$Z_c = \sqrt{Z_{i短路} \cdot Z_{i开路}} \qquad (4.2.2-3)$$

电磁波在介质中的传播常数 γ 为:

$$\gamma = \frac{1}{d}\text{arcth}\sqrt{\frac{Z_{i短路}}{Z_{i开路}}} \qquad (4.2.2-4)$$

式(4.2.2-4)可给出无限多的解,因而需要测量不同长度的试样,以便确定正确的结果。由 Z_c 和 γ 便可计算出介质的电磁参数:

$$\begin{cases} \mu_r = -j\dfrac{\lambda_g}{2}\gamma Z_c \\[2mm] \varepsilon_r = \left(\dfrac{\lambda_0}{2}\right)^2 \dfrac{\left(\dfrac{2}{\lambda_c}\right)^2 - \gamma^2}{\mu_r} \end{cases} \qquad (4.2.2-5)$$

4.2.3　网络法测量

吸波材料在应用中需要在较宽的频率范围内都具有良好的吸波特性,所以必须了解材料在某一频率范围内的电磁性质,因此需要扫频测量。扫频测量是在自动矢量网络分析仪的基础上发展起来的。自动矢量网络分析仪是频域测量技术的一个突破,它一出现就被应用到复介电常数和复磁导率的测试技术中,W. B. Weir 在 1974 年报道了他的工作,此后,HP 公司在此基础上于 1985 年推出了产品应用技术文件。他们均是在矢量网络分析仪上进行此项工作。国内 20 世纪 80 年代末建立了以此为基础的电磁参数测量系统,该测量系统测量频率范围为 2～18 GHz、26.5～40 GHz。填充均匀各向同性微波介质的一段波导(同轴线)构成一个有耗二端口网络,如图 4.2-2 所示。

其特性可用散射网络参数表示,这是一个连接在传输线上的二端口装置,它受到来自两个方向的入射波激励。入射波 E_{i1} 在端口 1 的反射和入射波 E_{i2} 在端口 2 向端口 1 的传输,激起向端口 1 左侧传播的反向行波。入射波 E_{i2} 在端口 2 的反射和入射波 E_{i1} 在端口 1 向端口 2 的传输,激起向端口 2 右侧传播的正向行波。它们之间的关系由下列方程组表示:

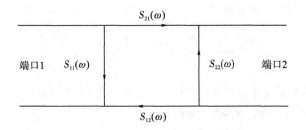

图 4.2-2 网络法测量 S 参数流程图

$$E_{\gamma 1} = S_{11} E_{i1} + S_{21} E_{i2} \qquad (4.2.3-1)$$

$$E_{\gamma 2} = S_{12} E_{i1} + S_{22} E_{i2} \qquad (4.2.3-2)$$

式中,S 参数的第一个下标表示激励端口,第二个下标表示被测量的入射波输出端口。

分别切断两端的入射波,可以独立地测得未知的 4 个参数。例如,由 $E_{i2}=0$ 可以测出 S_{11} 和 S_{12},

$$S_{11} = E_{\gamma 1} / E_{i1} \qquad (4.2.3-3)$$

$$S_{12} = E_{\gamma 2} / E_{i1} \qquad (4.2.3-4)$$

同理,由 $E_{i1}=0$ 可以测得 S_{21} 和 S_{22},

$$S_{21} = E_{\gamma 1} / E_{i2} \qquad (4.2.3-5)$$

$$S_{22} = E_{\gamma 2} / E_{i2} \qquad (4.2.3-6)$$

上述 4 个参数的频率特性可由矢量网络分析仪方便地测出。可以证明:

$$S_{11} = \frac{(1-T^2)\Gamma_0}{(1-T^2\,\Gamma_0)} \qquad (4.2.3-7)$$

$$S_{21} = \frac{(1-\Gamma_0^2)T}{(1-T^2\,\Gamma_0^2)} \qquad (4.2.3-8)$$

式中,Γ_0 为试样长度为无限长时介质表面的反射系数,

$$\Gamma_0 = \frac{\sqrt{\dfrac{\mu_r}{\varepsilon_r}}-1}{\sqrt{\dfrac{\mu_r}{\varepsilon_r}}+1} \qquad (4.2.3-9)$$

T 为电磁波在长度为 d 的试样中的传输系数,

$$T = e^{-j\gamma d} \qquad (4.2.3-10)$$

式中,γ 为传播常数,$\gamma = \dfrac{1}{\lambda}\sqrt{\mu_r \varepsilon_e}$。由式子可得:

$$\Gamma_0 = K \pm \sqrt{K^2-1} \qquad (4.2.3-11)$$

式中

$$K = \frac{[S_{11}^2 - S_{21}^2]+1}{2S_{11}} \qquad (4.2.3-12)$$

$$T = \frac{S_{11}+S_{21}-\Gamma_0}{1-[S_{11}+S_{21}]\Gamma_0} \qquad (4.2.3-13)$$

由式子可得:

$$\frac{\mu_r}{\varepsilon_r} = \left(\frac{1 + \Gamma_0}{1 - \Gamma_0}\right)^2 \qquad (4.2.3 - 14)$$

$$\mu_r \cdot \varepsilon_r = -\left[\frac{\lambda}{2d}\ln\left(\frac{1}{T}\right)\right]^2 \qquad (4.2.3 - 15)$$

样品置于波导中时,如果材料是均匀的,试样与波导壁之间无间隙。试样端面与波导中电磁波的传播反方向垂直,在此理想模型中,由于横向边界条件的一致性,在空波导和填充材料部分,均不存在高次模,唯一可能存在的模式为 TE_{10} 模。此时有:

$$\mu_r = (1 + \Gamma_0)\bigg/\left[\Lambda(1 - \Gamma_0)\sqrt{\frac{1}{\lambda_0^2} - \frac{1}{\lambda_c^2}}\right] \qquad (4.2.3 - 16)$$

$$\varepsilon_r = \frac{\left(\frac{1}{\Lambda^2} + \frac{1}{\lambda_c^2}\right)\lambda_0^2}{\mu_r} \qquad (4.2.3 - 17)$$

式中, $\dfrac{1}{\Lambda^2} = -\left[\dfrac{1}{2d}\ln\left(\dfrac{1}{T}\right)\right]^2$ 。

通过以上分析,可以认为测量吸波材料电磁参数的实质就是测量一对复数散射参数 S_{11}、S_{21},通过中间变量 Γ、T,最后求得材料的扫频复介电常数 ε_r 和复数磁导率 μ_r。测试样品夹具可以是同轴型也可以是波导型,同轴型适用于 $2\sim18$ GHz 频率范围的宽带测量,波导型则需要分波段测量,在 $2.6\sim18$ GHz 频率范围内分为:$2.6\sim3.95$ GHz、$3.95\sim5.85$ GHz、$5.85\sim8.2$ GHz、$8.2\sim12.4$ GHz 和 $12.4\sim18$ GHz 5 个波段,$26.5\sim40$ GHz 的电磁参数测量一般用波导法。测试中矢量网络分析仪必须校准,每个波段都有相应的校准件。网络法测量电磁参数示意图见图 4.2-3。

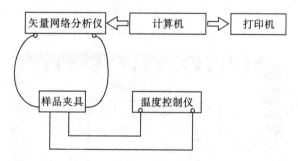

图 4.2-3　网络法测量电磁参数示意图

4.3　吸波材料反射率测量方法

4.3.1　常用反射率测试方法

(1)弓形法

在弓形法测量中,将发射天线与接收天线对称地置于圆弧上,该平面与吸波材料所在的平面垂直。由发射天线对吸波材料产生激励,其反射信号被接收天线拾取。再用理想的导电板取代吸波材料,测得其反射信号,最后将两种反射信号相比较。通过将发射天线置于圆弧上不同的位置来改变入射角;与此同时接收天线作相应的移动。天线应选用线极化天线,适当地转动天线,即可改变极化方向,如图 4.3-1 所示。

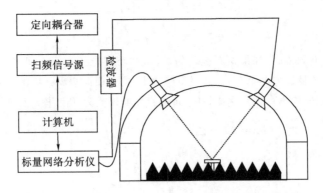

图 4.3-1 弓形法示意图

　　这种方法理论上讲可以适用于任何频率,但通常只在 1GHz 以上的频段,1GHz 以下则不宜采用此方法,因为测试中试样要求处在远场区,而在低频段所要求的弧形半径和试样面积都很大。

(2)时域测量方法

　　根据被测吸波材料试样的不同,时域测量技术又分为两种。第一种方法适用于那些已经安装在暗室墙壁上,甚至地板上的吸波材料,测试布局如图 4.3-2 所示。射频吸波材料被安装在任意封闭腔体的壁面上,发射、接收天线距离吸波材料平面的距离应小于其距离周围其他任何平面的距离。发射天线受到窄脉冲的激励向空间辐射电磁波,被吸波材料反射后由接收天线接收。之后将吸波材料替换为金属板再次测量,两次测得的信号经过数据处理后即可获得吸波材料在一定频段内的反射系数。

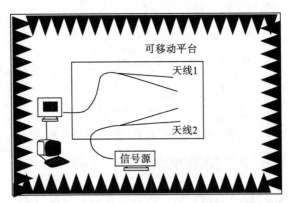

图 4.3-2 时域反射法示意图

　　测试过程中,封闭腔体的壁面、地板及天顶会引起电磁波的多次反射,因此接收天线所接收到的信号波形由几个重要部分组成:开始是直接从发射天线耦合到接收天线的信号;然后是经过吸波材料反射后到达接收天线的信号;最后是环境中其他平面反射而得到的信号。若测试场地满足上述要求,则其他平面的寄生反射信号始终滞后于有用的信号成分,最终便可以通过测量仪器的时域功能和数字信号处理技术将所需的有用信号提取出来。这种方法要求被测试样的总面积至少为 3 m×3 m,所用天线在 25 MHz～1 GHz 的范围内应有稳定的频率响应。

　　另外一种应用时域反射技术的方法则是希望测试时所需的吸波材料越少越好,以便厂商在产品的生产过程中对其质量进行实时监测。此方法是利用脉冲发生器产生重复速率为 50 kHz、42 V/400 ps 的高斯脉冲,经过一个耦合器分别送入两个 TEM 喇叭天线中,两副天线背向而立,其中一个面对被测吸波材料,将其反射回来的信号接收后送回到示波器和计算机中处理;另外一副喇叭天线主要是为了保护示波器的采样头。为达到此目的,两副天线的规格应尽可能相同。时域反射技术最大的特点是可以有效地减小测试过程中由于入射波多次反射而产生的测量误差,其适用频率范围是 30 MHz～1 GHz。

(3)密闭波导测试法

　　"弓形法"由于试样边缘的散射效应使得它的使用频率不可低于 200 MHz,欲减小边缘效应,则要求试样的尺寸足够大。在 30 MHz 时,要使边缘散射效应抑制在 10 dB 内,要求被测试样的边长则为 40 m 以上。如果采用密闭腔体将电磁场相对集中地限制在一个有限的空间内,由于不存在被测试样边缘散射的问题,即使在较低的频率内,对试样的尺寸也无过多的限制。密闭波导测试法便是此类测试方法之一,如图4.3-3 所示。

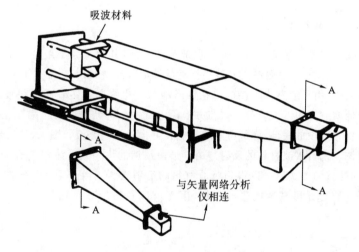

图 4.3-3　密闭波导法示意图

　　这种方法是将吸波材料安装在波导管的终端面上。波导管应具有适当的截面尺寸和长度;波导前端由特别设计的探针激励出 TE10 模式的电磁波,能量通过波导管投射到终端吸波材料表面。若认为波导传输系统无损耗,则输入端口的电压驻波比(VSWR)即反映了吸波材料的吸收性能。

(4)低频同轴反射法(LCR)

　　该方法与波导测试法类似,同样必须具有适当的截面积和长度,不同的是将波导结构改为同轴线结构,因而可激励 TEM 波,模拟自由空间电磁波的传播规律。该方法没有下限截止频率的限制,频率上限为不至于产生高次模即可。

　　具体截面形式有以下 3 种(图 4.3-4)：①方形外导体、方形内导体。外导体尺寸是内导体的 3 倍,可测量 8 块标准吸波材料试样。②方形外导体、细线形内导体,可测量 4 块标准吸波材料试样。③方形外导体、薄板形内导体,可测量 4 块标准吸波材料试样。结构②的特性阻抗很高,对测试装置与测试系统的匹配提出了很高的要求,并且测试的重复性很差,因此不太常用。结构①与③为实验室中常用的结构。

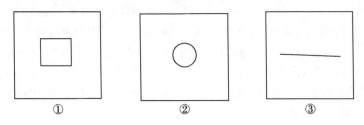

①　　　　　　　　②　　　　　　　　③

图 4.3-4　低频同轴线法截面示意图

　　同轴测试法能够比较准确地模拟吸波材料在暗室中使用的实际情况,适用于 600 MHz 以下的频段。其不足之处为由于这种同轴线结构模拟了自由空间 TEM 波的传输情况,被测吸波材料和 TEM 波行进方向垂直,因而测得的反射系数仅仅是垂直入射时的情况。

4.3.2　喇叭测试系统

　　这个系统的主要设施是喇叭。喇叭顶部为正方形,其边长大小最少为 1 个波长,喇叭长度为 1.5 个波长,而且要纵向安装高损耗的斧形吸波材料;其后端是 1 个长度为 2 个波长的锥形喇叭,用于给方喇叭馈电。在锥形喇叭上也纵向安装着高损耗吸波材料;锥形段由一个低增益宽频带天线激励。在方形段内有一个可纵向移动的宽带定向振子,被测样品被放在方形段的底部,底部有一块导电良好的金属短路板。图 4.3-5 是喇叭测试系统的设置图。来自吸波材料的反射与由锥形段反馈的均匀入射波相互干涉,便会产生驻波,通过对驻波的测量就可以得到吸波材料的反射损耗。由于采用了定向振子天线,并在锥形段安装有斧形高性能吸波材料,因而可以获得较高级别(<-50 dB)的测量结果。

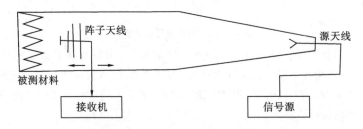

阵子天线　　　　　　　　　　　源天线

被测材料

接收机　　　　　　　　　信号源

图 4.3-5　喇叭测试系统的结构图

　　喇叭测试系统的工作原理如图 4.3-6 中。喇叭的底部首先接一个金属短路板,由锥形顶产生的均匀波在传输到喇叭底部时产生反射,于是入射波和反射波在测试区域叠加

便形成驻波,当振子天线沿这一区域移动时驻波的曲线便被记录下来。所记录的曲线与以下几个方面的内容有关:

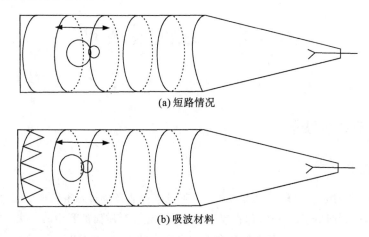

(a) 短路情况

(b) 吸波材料

图 4.3-6　喇叭测试系统的工作原理

①工作频率:

如果频率低,曲线周期变长,甚至超过自由空间波长。这是因为锥形喇叭在某种程度上可以近似看成波导。

②振子天线前后比:

如果天线前后比(F/B)无限大,那么入射波就被忽略,只记录下了反射波,它将是一个平坦的电平记录曲线;如果振子天线的前后比是一个稳定的值,而且入射波和反射波大小相等,就会产生很大的波纹。实际测试工作中的情况介于以上两种情况,这是因为测试振子天线具有一个有限的前后比,而反射波又具有不同的值。

③空间路径损耗:

由于喇叭测试系统和吸波材料的存在,电磁波的路径损耗与在自由空间中的路径损耗不一样,路径损耗与喇叭腔的纵轴是一个复杂的函数关系,这个函数关系只能用实验来确定。当振子天线指向短路器时,所记录的驻波曲线反映了振子天线的前后比(F/B)与△的关系(△是入射波与反射波路径损耗的差值)。于是,入射波和反射波的大小关系就可以确定,定义它为"有效前后比"(有效 F/B)。用短路器测出有效 F/B,并以此作为基准。通过计算空间驻波曲线的波动情况,就可以得到吸波材料的反射损耗。

第5章　磁性吸波剂

5.1　铁氧体吸波剂

5.1.1　概述

铁氧体(ferrite)一般包括铁族和其他一种或多种适当金属元素组成的复合化合物，根据其导电性判断属于半导体，但在应用上是作为磁性介质而被利用的。铁氧体的电阻率为 $10^2 \sim 10^8$ Ω·cm，而一般金属或合金的电阻率则为 $10^{-6} \sim 10^{-4}$ Ω·cm。铁氧体吸波剂的高电阻率可避免金属导体在高频下存在的趋肤效应，使电磁波能有效进入，对微波具有良好的衰减作用，可以直接用作吸波剂，而且还可以与其他磁损耗介质混合使用来调整电磁参数，展宽吸收频带，因此在隐身技术和电磁波屏蔽领域获得了广泛的应用。

20 世纪 50 年代，尖晶石族铁氧体被广泛研究。这些化合物主要为含 Zn 和 Al 成分的 Ni 铁氧体以及含 Al 的 Mg 铁氧体。Van Uitert 通过在 Mg 铁氧体中添加 Mn 元素来减少其介电损耗，因而出现了 MgMn 系列铁氧体。1956 年法国的 Bertaut 及其合作者合成了稀土铁石榴石并研究其磁性能，Geller 和 Gilleo 迅速重复并深入研究了这一发现，制备了最为重要的石榴石化合物为钇-铁-石榴石(YIG)。在 20 世纪 50 年代末，尖晶石和石榴石体系已经在微波器件工程中得到应用。

在 20 世纪 50～60 年代，用于军事高能雷达(high-power phased-array radar)的铁氧体相转化器(phase-shifter)引起人们的极大关注，在 RF 能量极限以上由非线性自旋波导致的磁损耗面临挑战。Suhl 和 Schloemann 对此现象的理论分析使得器件设计者通过合理的铁氧体成分及工作条件的选择避免了巨大的损失。小浓度快速弛豫离子可提高平均能量损耗并使峰值能极限提高。多晶材料亚铁磁共振线的宽化受到磁晶各向异性和非磁性夹杂物如气孔影响的现象也得到证实。Patton 和 Vrehen 应用这些概念定义了多晶材料的"有效"线宽，Spencer 和 LeCraw 等研究了单晶石榴石的本征线宽极限，Rado 研究了部分磁化铁氧体中微波的传播问题，Green 和 Sandy 在后续研究中报道了它们大量的微波磁性。

在 20 世纪 60 年代以前，有关基础磁性及铁氧体性能研究取得了重要的发展。各向异性单晶体的亚铁磁共振理论推导，YIG 各向异性的温度函数测量，多重磁亚点阵引起的各向异性的深入理论研究，这些成果直接影响了单晶石榴石的发展，而它又是以窄共振线为基础的磁性可调滤光器所必需的。

在近几十年里，对于微波铁氧体技术的需求减少，但铁氧体物理学得到了持续发展。

经过多年的不断发展,铁氧体的应用方面早已不限于软磁和永磁材料,在尖端技术,如雷达、微波(超高频)多路通信、自动控制、射电天文、计算技术等方面也起到了巨大的作用。在微波频段,电磁波已经不能穿透一般的金属(其趋肤深度小于 $1\ \mu m$),但却能通过电阻极高的铁氧体,使其成为这一波段中唯一的具有实际意义的磁性介质。因此,为满足器件小型化的要求,各种磁性器件普遍使用铁氧体。

微波器件中使用的铁氧体要求其无电磁损耗或损耗不大,相反地作为吸波材料则希望具有大的电磁损耗。特定结构、成分的铁氧体材料是非常有用的吸波材料。铁氧体是种双复介质材料,其对电磁波的吸收,在介电特性方面来自极化效应;而在磁性方面,则以自然共振为主,自然共振是铁氧体吸收电磁波的主要机制。另外,利用铁电材料具有较大电滞损耗,铁磁材料具有较大磁滞损耗的特点,将两者复合,使其兼具两种材料的损耗特点,可获得较大的电磁波吸波能力。

铁氧体以其较高的 μ_r 值和低廉的制备成本而成为最常用的微波吸波剂,吸收效率高、涂层薄、频带宽是铁氧体吸波剂的优点;另外,铁氧体在低频下($f<1\ \mathrm{GHz}$),具有较高的 μ_r 值而 ε_r 较小,所以作为匹配材料具有明显的优势,具有良好的应用前景。不足之处是比重大、温度稳定性差,使部件增重,以至影响部件性能。

5.1.2　铁氧体的晶体结构

铁氧体按晶体结构分类,主要是尖晶石型、磁铅石型和石榴石型三大类。目前用于电磁波吸波剂的铁氧体主要是尖晶石型和磁铅石型铁氧体两种类型。

(1)尖晶石型铁氧体

尖晶石型铁氧体具有与镁铝尖晶石天然矿石相同的晶体结构,其结构通式为 $MeFe_2O_4$ 或者(AB_2O_4),其中 Me 为金属阳离子,如 Mg^{2+}、Zn^{2+}、Mn^{2+}、Co^{2+}、Ni^{2+} 等;Fe 为三价离子,也可以被其他三价金属离子 Al^{3+}、Cr^{3+} 或者 Fe^{2+}、Ti^{4+} 所替代;总之,金属离子的化学价总数为 8,能够与 4 个氧离子达到价平衡。

尖晶石的晶体结构如图 5.1-1 所示,单位晶胞含 8 个分子,即 $8(MeFe_2O_4)$,共有 57 个离子,其中 24 个金属离子,32 个氧离子。其中氧离子为面心立方密堆积,每个晶胞含 64 个四面体空隙和 32 个八面体空隙,四面体空隙由 4 个氧离子包围而形成,其空隙较

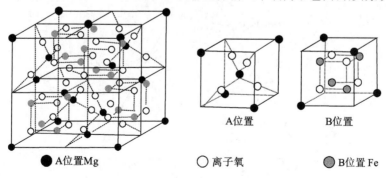

图 5.1-1　尖晶石型铁氧体晶体结构

小,称为 A 位;八面体空隙由 6 个氧离子包围而形成,其空隙较大,称为 B 位。其中 8 个金属离子 Me 占 A 位,16 个金属离子 Fe 占 B 位。这样只有 24 个空隙被金属离子填充,而 72 个空隙是缺位。这种缺位是离子间化学价平衡作用等因素所决定的,但却可以用其他金属离子填充和替代,为铁氧体的掺杂改性提供了有利条件,也是尖晶石可以制备成具有不同性能的软磁、巨磁、旋磁、压磁材料,得到广泛应用的结构基础。金属通过氧离子发生超交换作用,产生亚铁磁性。

(2)磁铅石型铁氧体

磁铅石型铁氧体和天然矿物磁铅石 $Pb(Fe_{7.5}Mn_{3.5}Al_{0.5}Ti_{0.5})O_{19}$ 具有类似的晶体结构,属于六角晶系。其化学分子式可表示为 $MeFe_{12}O_{19}$(或者 $MeO-6Fe_2O_3$),一般分子式为 $AB_{12}O_{19}$,其中 A 为半径与氧离子相近的阳离子,如 Ba^{2+}、Sr^{2+}、Pb^{2+} 等,B 为三价阳离子,如 Fe^{3+}、Al^{3+}、Mn^{3+} 等。磁铅石型铁氧体属于六角晶系,最早于 1952 年由菲力普斯实验室制成了以 $BaFe_{12}O_{19}$(属于 M 型六角晶系)为主成分的永磁性材料,每个 BaM 中包含 2 个分子,即 2 $BaFe_{12}O_{19}$。BaM 中氧离子呈六角密堆积,Ba^{2+} 处于氧离子层中,层的垂直方向为六角晶体的 c 轴。含有 Ba^{2+} 离子的基本结构称为"R 块",组成为$(BaFe_6O_{11})^{2-}$,R 块中含有 3 个氧离子层,中间一层中含有 1 个 Ba^{2+},这一层为晶体的镜面层,通常用 m 表示,这一层中有由 5 个氧离子构成的六面体间隙,它相当于两个相邻的四面体位置间共占 1 个金属离子的间隙位置,又称为三角形双棱锥体,这是尖晶石结构中没有的新型间隙位置,称为 E 位。不含 Ba^{2+} 的其他氧离子层仍按尖晶石堆积,称为"S 块",组成为$(Fe_6O_8)^{2+}$,S 块中含有 2 个氧离子层,按照尖晶石结构中沿(111)方向立方密堆积的方式堆砌而成,其中含有 2 个 A 位离子、4 个 B 位离子。由于有镜面 m 的存在,必然有与 R 块、S 块成 π 弧度的 R* 块、S* 块出现,所以 M 型结构可以表示为 RSR*S*。

M 型结构被发现以后,人们相继找到了 5 种具有类似结构的六角晶系铁氧体,分别简称为 W、X、Y、Z 和 U 型,其化学组成见图 5.1-2,三角形顶点分别代表 BaO、$Me^{2+}O$和 Fe_2O_3 3 种氧化物,二价离子 Me^{2+} 可以是 Ni、Mg、Fe、Co、Zn、Mn 和 Cu 等的二价金属

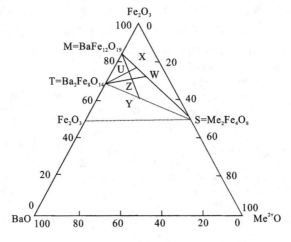

图 5.1-2　$BaO-Me^{2+}O-Fe_2O_3$ 三元系组成

离子,Fe^{3+} 可以通过 Al^{3+}、Ga^{3+}、In^{3+}、Sc^{3+} 或由其他价态的离子联合取代,它们的晶体结构均为 S、R、T($Ba_2Fe_8O_{14}$)3 个基本单元按一定顺序的堆垛,见表 5-1。目前人们对 W 型六角晶系铁氧体的研究较多,其单位晶胞由 $RS1R^*S^*S^*$ 堆垛而成。

表 5-1　几种主要六角晶系铁氧体化学组成与构型

符号	化学组成	晶体结构	单胞氧离子层数
M	$BaFe_{12}O_{19}$	RSR^*S^*	10
W	$BaMe_2Fe_{16}O_{27}$	$RS1R^*S^*S^*$	14
Y	$Ba_2Me_2Fe_{12}O_{22}$	$3(ST)$	3×6
Z	$Ba_6Me_4Fe_{48}O_{82}$	$RSTSR^*S^*T^*S^*$	22
X	$Ba_2Me_2Fe_{28}O_{46}$	$3(RSR^*S^*S^*)$	3×12
U	$Ba_4Me_2Fe_{36}O_{60}$	$3(RSR^*S^*T^*S^*)$	3×16

(3)石榴石型铁氧体

石榴石型铁氧体又称磁性石榴石,是与天然石榴石$(Fe,Mg)_3Al_2(SiO_4)_3$有类似晶体结构的铁氧体,是性能较好的微波材料。石榴石型铁氧体属于立方晶系,其化学分子式为 $3Me_2^{3+}O_3 \cdot 5Fe_2O_3$(或 $3Me_3Fe_5O_{12}$),其中 Me 表示三价稀土金属离子 Y、Sm、Eu、Gd、Tb 等。石榴石型铁氧体的晶体结构比较复杂,其氧离子仍为密堆积结构,在氧离子之间存在 3 种空隙,即由 4 个氧离子包围而形成的四面体空隙,6 个氧离子包围而形成的八面体空隙,还有由 8 个氧离子包围而形成的十二面体空隙。每个石榴石型铁氧体的晶胞共有 8 个分子。

上面讨论了尖晶石型、磁铅石型和石榴石型 3 种铁氧体晶体结构的主要特点。但是目前已经发现和得到应用的铁氧体材料,就其晶体结构类型来说,并非只有此 3 种,还有钙钛矿石型、金红石型、氯化钠型、碳酸钙型、钨-青铜型等多种类型,并都有着广泛的发展前景。研究铁氧体的晶体结构不仅是进一步讨论铁氧体磁性的基础,而且也是探索新材料、开拓新应用领域的重要手段。

5.1.3　铁氧体吸波剂磁损耗机理

铁氧体介电常数实部可调整的范围不大,介电损耗一般较小,其对微波的吸收主要来源于磁损耗。由于铁氧体的电阻率较高,另外在微波波段,微波的频率较高,且幅值一般很小,所以磁损耗中磁滞效应和涡流效应都比较小,影响复数磁导率的主要机制是自然共振兼和畴壁共振。

(1)自然共振

磁体沿不同方向磁化时所需能量不同,这种同磁化方向有关的能量称为磁各向异性能。铁磁体在外磁场的作用下,磁矩的分布趋向于由各向异性能所决定的能量最小方向,即趋向各个易磁化轴方向,这种各向异性能作用可以用一个等效各向异性场代替。当铁磁体内的磁矩 M 偏离易磁化轴方向一个很小的角度时,M 将围绕等效各向异性场进动,即拉摩尔右旋进动。

在磁各向异性中,磁晶各向异性反映结晶磁体与结晶轴有关的磁化特性,其作用等效为一个磁场作用,称为磁晶各向异性等效场 H_A。铁氧体吸波剂粉体的磁各向异性一般为磁晶各向异性。在 H_A 作用下,磁矩 M_s 进动的固有频率为:

$$\omega_r = \gamma H_A \qquad (5.1.2-1)$$

式中,γ 为旋磁比,铁氧体磁性来源于电子的自旋磁矩,$\gamma = 0.22$ MHz·m/A。在没有垂直于外磁场的高频交变电磁场的共同作用时,上述进动是有阻尼的,最后将转向外场方向,实现静态磁化。如果有一高频交变场也同时作用在磁矩 M 上,且交变场的频率 ω 与磁矩 M 进动的固有频率 ω_r 相等时,就会产生共振现象,μ'' 取最大值(大小与饱和磁化强度 M_s 成正比,与 H_A 成反比),介质大量吸收高频交变磁场提供的能量,M 实现强迫进动。这种在铁磁体内部自然存在的等效各向异性场作用下而产生的共振,称为自然共振。

实际应用的磁性粉体吸波剂均为单晶或多晶结构,存在众多的磁畴和畴壁,自然共振吸收峰受到磁畴结构影响,一般共振吸收峰可能出现在一个较宽的频率范围内,可以推导得出对多晶自然共振峰,共振角频率 ω_r 落在如下范围:

$$\gamma H_A < \omega_r < \gamma(H_A + 4\pi M_S) \qquad (5.1.2-2)$$

由此可知对于铁氧体多晶粉末吸波剂,ω_r 由 H_A 和 M_S 决定。因此,在吸波材料的研究和应用中,需要控制材料的电磁参数使其共振频率落在雷达波频段内,以提高材料对雷达波的损耗吸收。同时应尽可能提高铁氧体在共振区的复数磁导率,单畴多晶样品的复数磁导率为:

$$\mu_r = 1 + \frac{2}{3}\frac{\omega_m(\omega_r + i\eta\omega)}{(\omega_r + i\eta\omega)^2 - \omega^2} \qquad (5.1.2-3)$$

式中,$\omega_m = \gamma M_S$;$\omega_r = \gamma H_A$;ω 为外加交变场角频率;η 为材料的阻尼常数。

(2) 畴壁共振

当磁性材料受到交变磁场的作用时,畴壁将因受到力的作用而在其平衡位置附近振动。当外场的频率等于畴壁振动的固有频率时所发生的共振就称为畴壁共振。

对畴壁共振可以简单类比如下,如果将静磁能看成是牛顿力学中的势能,将畴壁能看成是牛顿力学中的弹性能,将由畴壁运动而产生的退磁能看成是牛顿力学中的动能,而将能量损耗看成是因物体运动时受到摩擦力而产生的损耗,那么铁磁体在外场作用下的畴壁运动可以等效为一个悬挂在弹簧下的物体,其受到重力和摩擦力共同作用而运动。依据该模型可以求得畴壁运动引起的复数磁导率为:

$$\mu_r = 1 + \frac{4 M_S^2}{\kappa l} \cdot \frac{1}{1 - \frac{m_w}{\kappa}\omega^2 + j\omega\frac{\tau}{\kappa}} \qquad (5.1.2-4)$$

式中,κ 为弹性回复系数,与单位面积畴壁能和空隙或掺杂物的分布有关;l 为铁磁体颗粒的边长;m_w 为单位面积畴壁的有效质量;τ 为畴壁振动的阻尼系数,与起始磁导率、饱和磁化强度和电阻率有关。

畴壁共振有共振型和弛豫型两种。对于共振型畴壁共振来说,当发生共振时,磁性材料在磁性能上表现为 $\mu'=1$，μ''达到极大值；对于弛豫型共振来说，当发生共振时，表现为 μ'降为直流磁化率的一半，μ''达到极大值。

5.1.4　铁氧体吸波性能影响因素

(1)晶格结构的影响

铁氧体是一种亚铁磁性氧化物，亚铁磁性是由于 A、B 位置上磁性离子的磁矩反向排列，相互不能抵消而引起的，因此其磁性能与金属离子的分布情况关系密切。饱和磁化强度来源于未被抵消的磁性次格子的磁矩，在其晶体结构中，四面体中的磁性离子和八面体中的磁性离子的磁矩是反平行排列的，因此可以用离子替代的办法，来增加或减少四面体和八面体中的磁性离子数，从而增加或减少铁氧体的饱和磁化强度。磁晶各向异性场 H_A 来源于铁氧体四面体和八面体中的磁性离子在非对称晶体场中的择优取向。例如八面体位置中的 Fe^{3+} 离子对磁晶各向异性常数 K_1 贡献为负值，而且数值很大，而在四面体位置中的 Fe^{3+} 离子对 K_1 贡献为正值，而且数值很小。因此可以用离子替代的办法来控制 K_1 值，从而控制磁晶各向异性场 H_A 的大小。

虽然理论上可以通过改变材料成分和制备工艺控制金属离子的分布，然而金属离子占据哪种位置取决于自由能的高低，影响因素较多，如离子半径、离子键的能量、共价键的空间配位性和晶体电场对 d 电子能级的作用等，这些因素本身又相互关联，相互影响，难以定量调整。因此目前在实际情况中，还无法自由地按照性能要求来设计材料的组分和制备工艺，在材料的研究中还需要根据理论指导进行大量的试验。

(2) 磁晶各向异性的影响

尖晶石型铁氧体包括 Ni－Zn、Mn－Zn 两大类，金属离子可按其半径大小优先占据 A 位或 B 位，为获得不同的磁性参数，也可以由不同的金属离子按照化合价和离子半径相互置换构成各种形式的复合铁氧体。尖晶石型材料的晶体结构对称性高，由于磁晶各向异性常数 K_1 与晶体结构的对称性有很大关系，故尖晶石型铁氧体的 K_1 较小，因而其共振频率 ω_r 较低。

磁铅石型铁氧体为六角晶系，对称性低，具有很高的磁晶各向异性场 H_A，利用其自然共振可能得到高的 μ' 和 μ''，并且可以利用其自然共振吸收峰的重叠展宽吸收频带，因此磁铅石型铁氧体具有高的微波磁导率和良好的频率特性。磁铅石型铁氧体的磁晶各向异性有 3 种类型：

①单轴六角晶体，易磁化方向为[0001]轴；

②平面六角晶体，易磁化方向为(0001)面内的 6 个方向上；

③锥面型六角晶体，易磁化方向位于与[0001]方向夹角为 θ 的锥面内。

考虑到形状退磁因子，自然共振吸收角频率 ω_r 还与样品形状有关，对于单畴颗粒，单轴型六角晶体中柱状样品 ω_r 较高，为：

$$\omega_r = \gamma\left(H_A^\theta + \frac{1}{2}M_s\right) \tag{5.1.1-5}$$

式中 H_A^θ 为单轴六角晶体的磁晶各向异性场，平面型六角晶体中片状样品 ω_r 较高，为：

$$\omega_r = \gamma \sqrt{(H_A^\theta + M_s) \cdot H_A^\varphi} \qquad\qquad (5.1.1-6)$$

式 5.1.1-6 中 H_A^φ 为平面六角晶体的磁晶各向异性场。由于 H_A^φ 远远大于 H_A^θ，比较式 5.1.1-5 和式 5.1.1-6 可知，在其他条件（M_s 和 γ）相同时，平面型可以应用于更高的频率。在 M、W、X、Y、Z、U 6 种形式中，W 型、Y 型、Z 型的六角铁氧体都有可能出现平面各向异性，成为平面六角铁氧体。

(3) 铁氧体吸波剂的温度特性

采用铁氧体吸波剂制备的吸波材料，其吸波特性随温度变化较大，随温度的升高，吸波性能显著下降。铁氧体在微波频率下 ε' 为 5~7，ε'' 近似为 0，且二者随温度变化不大，因此吸波性能的下降主要源自温度对复数磁导率的影响。微波复数磁导率取决于 M_s 和 H_A 等材料磁性参数。随温度的升高，分子热运动加剧，材料的自发磁化强度降低，引起磁导率幅值的降低，使铁氧体吸波材料的吸收率下降和吸收带宽变窄。另外温度升高也会引起 H_A 的变化。

六角晶系铁氧体中，由于磁晶各向异性的不同会产生不同的温度特性，具体为：

①平面 W 型六角铁氧体随温度升高，电磁特性变化较大，共振峰向高频移动，并且吸收带宽变窄；

②单轴 W 型六角铁氧体随温度升高，电磁特性变化较小，共振峰向高频移动，吸收带宽略为增大；

③单轴 M 型六角铁氧体随温度升高，电磁特性变化不大。

5.1.5 铁氧体吸波剂研究进展

国内外尖晶石型铁氧体吸波剂的研制已有很长的历史。Ni-Zn 铁氧体在 200 MHz~1 GHz 的频段内，$\mu' > 10$，$\mu'' > 30$，ε' 在 10~20 之间，ε'' 很小，厚度为 4 mm 时反射率 $R < -10$ dB。对 Ni、Zn、Co 尖晶石铁氧体的研究发现，随着 Co 含量的增加，共振频率移向高频。但是目前国内外尖晶石型铁氧体吸波剂的微波磁导率及吸收特性总体上不如六角晶系铁氧体。

20 世纪 80 年代后世界各国相继对六角铁氧体吸波剂进行了研究，其中 $BaFe_{12}O_{19}$、（Ba-M）的研究较早，Ba-M 具有很高的磁晶各向异性场（$H_A = 1.7 \times 10^4$ Oe），可以作为厘米和毫米波段吸波剂。而且 Ba-M 型磁粉的 μ' 和 μ'' 具有较明显的共振吸收峰，通过掺杂能够进一步展宽频带。例如 Co^{2+} 和 Ti^{4+} 的加入可以明显降低磁晶各向异性场，$Ba-Co_xTi_xFe_{12-2x}O_{19}$ 的自然共振频率随 x 的增加移向低端，其共振吸收峰可以在 2~40 GHz 内移动，$\mu' = 0.6~1.5$，$\mu'' = 0.3~0.9$，且对不同的 x 值，其峰值有变化；另外采用离子联合取代方法制备的 $Ba(Co_2TiZn)xFe_{12-4x}O_{19}$ 吸波材料在 2~3 cm 波段内最大吸收可达 -65 dB，反射率小于 -10 dB 的带宽为 4.24~5.5 GHz，匹配厚度为 1.76 cm。

在六角晶系铁氧体的各种形式中，Z 型和 Y 型平面六角铁氧体的共振频率较低，一般小于 2 GHz，W 型铁氧体（$BaMeFe_{16}O_{27}$）的研究较多，W 型铁氧体不仅饱和磁化强度高，比 Ba-M 型高 10% 左右，具有高的磁晶各向异性场 H_A，所以其自然共振频率比较高、工作频带比较宽，同时在共振频率附近，还具有较高的 μ' 和 μ''，并且调整材料的成分

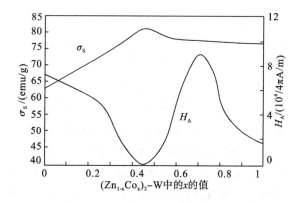

图 5.1-3　$(Zn_{1-x}Co_x)_2$－W 的 H_A 和 σ_S 随 x 的变化关系

可以在很大程度上改变 M_S 和 H_A。在 W 型铁氧体中对 $(Zn_{1-x}Co_x)_2$－W 铁氧体的研究较多，通过改变 x 可调整 M_S 和 H_A，关系变化如图 5.1-3 所示，随着 x 的增加，易磁化方向从单轴型过渡到平面型。当 $x<0.8$ 时，$(Zn_{1-x}Co_x)_2$－W 分体的易磁化轴在六角晶体的晶轴方向，$0.8<x<0.9$ 时，$(Zn_{1-x}Co_x)_2$－W 表现出锥面各向异性，$x>0.9$ 时为平面六角型，一般情况下平面型区域的材料 μ' 和 μ'' 大于单轴型区域材料的相应值。

5.1.6　铁氧体的制备工艺

(1)固相法

固相反应法是传统的粉体制备工艺，该法一般是将合成粉体所用的原材料如碳酸钡、碳酸锌、碳酸钴和氧化铁等金属氧化物或者金属盐，采用湿法球磨方式混合均匀，然后进行干燥和煅烧，煅烧过程中原料发生固相反应，再经过粉碎即得到所制备的铁氧体粉体。

这种方法的优点是简便易行，但缺点是容易导致成分的不均匀分布，制备的粉体中容易出现硬团聚，粉体粒度较大，因此这种工艺制备的粉体性能相对较差，很少在高性能吸波剂粉体制备中应用。

(2)凝胶固相反应法

凝胶固相反应法针对固相法的缺点进行了改进，其工艺流程图如图 5.1-4 所示，该方法将有机胶体化学引入固相反应制粉工艺，将原料通过湿法球磨混合均匀后，控制料浆凝胶化，避免了料浆在随后的干燥过程中由于沉降导致的成分不均匀，且煅烧过程会发生有机物的分解，因此不仅保证煅烧后粉体获得所需的相组成，同时也减少了粉体的硬团聚，制的粉体形貌为六角片状，粒度在 20 um 以下。

这种工艺采用原料为碳酸钡、碳酸锌、碳酸钴和氧化铁等盐类，也可使用各组分的水溶性盐，粉体的基本组分为 $Ba(Zn_{1-x}Co_x)_2Fe_{16}O_{27}$。料浆凝胶化使用的有机单体为丙烯酰胺，交联剂为亚甲基双丙烯酰胺，引发剂为过硫酸铵水溶液。采用这种工艺时，在对各种成分的含量和煅烧工艺进行优化后，制备的 W 型六角晶系铁氧体吸波剂具有较好的性能，其复数磁导率见图 5.1-5，将粉体按照 92% 的质量分数与橡胶胶黏剂混合制备厚

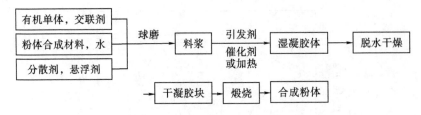

图 5.1-4　凝胶固相反应法工艺流程图

度为 1.5 mm 的吸波涂层,涂覆于金属表面,在室温和 150 ℃时对雷达波反射率测试结果如图 5.1-6 所示,由图中可以看出在室温时,在 8～18 GHz 波段,涂层反射率低于−10 dB 的带宽约为 8 GHz,最大吸收为−14.8 dB,在 150 ℃时,对电磁波还有一定的吸收,吸波性能较好。

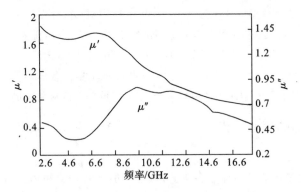

图 5.1-5　粉体等效磁导率

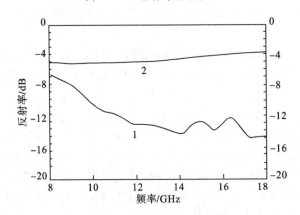

图 5.1-6　单层吸收板反射率曲线 1:室温反射率;2:150 ℃反射率

(3)化学共沉淀法

化学共沉淀法是把 Ba、Zn、Co 和 Fe 的水溶性盐配成混合液,向其中加入 NaOH 或者 KOH 等沉淀剂得到前驱体沉淀物,经过水洗干燥后将沉淀物煅烧形成多组元复合粉体。使用这种方法合成粉体不需要特殊设备,在实验室研究中被较多采用。由于原料以离子状态在溶液中进行混合,各种组分能达到分子水平的均匀混合,因此这种方法易于控制粉体的成分,例如用这种工艺制备的 $(Zn_{1-x}Co_x)_2$ —W 型铁氧体吸波剂粉体,W 相含量超过 70%,同时粉体在 X 波段具有较高的 μ' 和 μ'' 值。

但是这种工艺制备铁氧体吸波剂时,由于沉淀剂往往含有杂质离子,制备工艺中必须经过非常繁琐的水洗过程,并且水洗过程中可能会由于各沉淀物的溶度积不同造成某些组分的流失;另外煅烧时粉体容易形成硬团聚给煅烧后的粉碎带来困难。总之化学共沉淀法制备铁氧体吸波剂效率较低,难以批量生产,不利于工业化生产。

(4)化学共沉淀＋高温助熔工艺

这种工艺的基本过程是以各种氯化物盐溶液作反应物,用 NaOH 和 Na_2CO_3 作沉淀剂。将沉淀剂加入反应物的混合溶液中,控制 pH 值在 8～8.5,pH 值太高和太低都不利于沉淀的进行。对于成分为 $[Ba(Zn_{1-x}Co_x)_2Fe_{16}O_{27}]$ 的六角晶系铁氧体吸波剂,反应物和沉淀剂发生沉淀反应的反应式为:

$$FeCl_3 + ZnCl_2 + CoCl_2 + BaCl_2 + NaOH + Na_2CO_3 \rightarrow$$
$$Fe(OH)_3 + Co(OH)_2 + Zn(OH)_2 + Ba_2CO_3 + NaCl$$

充分反应后将沉淀液快速烘干,于 1250 ℃ 以上的高温进行煅烧,其中 NaCl 在煅烧时起到助熔剂的作用,800 ℃ 时熔融 NaCl 可以溶解少量 Ba_2CO_3,产生活化性能好的 Ba^{2+},易与其他沉淀物反应生成铁氧体,Ba^{2+} 发生反应后新的 $BaCO_3$ 继续溶于 NaCl 中产生 Ba^{2+},如此不断进行,大大地促进了反应的进行。工艺中需要严格控制 pH 值、煅烧温度和煅烧时间等工艺参数。

5.2　磁性金属微粉吸波剂

5.2.1　概述

磁性金属微粉的晶格结构相对于铁氧体比较简单,没有铁氧体中磁性次格子之间磁矩的相互抵消,因此磁性一般较铁氧体更强。此外金属微粉由于粒子的细化使组成粒子的原子数大大减少,活性增加,在微波辐射下分子、电子运动加剧,促进磁化,使电磁能转化为热能。另外从吸收机理上讲,磁性金属微粉兼有自由电子吸收和磁损耗,所以其微波复数磁导率的实部和虚部相对比较大,与高频电磁波有强烈的电磁相互作用,从理论上讲具有更加高效的吸波性能。不过金属粒子吸波剂在某些应用中也存在一些缺点,如频率特性不够好,吸波频带窄等问题,因此需要与其他吸波剂配合使用来改善和提高其吸波性能。将金属、合金颗粒材料分散于非磁性、绝缘基体中,即制备金属粒子与基体的复合材料是一种方便的途径,在形成导电体之前其掺杂量最大可达到 60%。但目前主要存在的问题在于如何解决金属颗粒内的趋肤效应、分散和氧化等问题,这也是包括金属粒子吸波机理研究在内需要进一步解决的科学和工程问题。

由于金属微粉受到电磁波作用时存在趋肤效应,其粒子尺寸不能过大,否则对电磁波的反射会迅速增加。金属微粉末的粒度应小于工作频带高端频率时的趋肤深度,材料的厚度应大于工作频带低端频率时的趋肤深度,这样既保证了能量的吸收,又使电磁波不会穿透材料。用作吸波剂的金属微粉主要是 Fe、Co、Ni 及其合金粉,目前应用的金属微粉的粒径一般不超过 30 μm。磁性金属粒子吸波剂目前主要有两个发展方向,一是开发纳米量级的超细粉,利用纳米粒子的特殊效应来提高吸波性能;二是开发"长径比"较大的针状晶须(纤维),利用粒子的各向异性来提高吸波性能。

5.2.2 磁性金属微粉磁导率影响因素

(1) 粉体组成的影响

由于粉体的组成直接决定其晶格结构,影响磁性次格子的构成,同时不同的原子微观磁性有较大差别,因此粉体组成对其饱和磁化强度和磁晶各向异性场有着显著的影响。

表 5 - 2　$Co_xNi_{(1-x)}$ 微粉的微波磁性能与组成的关系

粉体组成	Ni	$Co_{0.2}Ni_{0.8}$	$Co_{0.5}Ni_{0.5}$	$Co_{0.8}Ni_{0.2}$	Co
f_r/GHz	1.6	1.4	3	4	6.5
$\triangle f$/GHz	4.2	5.5	9.2	12.9	14
M_S/(emu/g)	50	75	105	135	150
XRD	fcc	fcc	fcc	fcc+hc	fcc+hc
H_A(块材)/Oe	135	0	210	$>10^3$	$>10^3$

表 5-2 给出了 $Co_xNi_{(1-x)}$ 微粉的磁性能随组成的变化关系,其中定义 f_r 为 μ'' 达最大值的频率,表征粉体共振峰的位置,$\triangle f$ 为 μ'' 相对最大值的半高宽频率范围,表征共振峰的宽度,从表中可以看出,随着 x 的增加,粉体的磁晶各向异性场 H_A 先降低然后增加,相应的共振频率点也在 H_A 最低处出现最小值,然后共振峰逐渐移向高频,特别是粉体组成为 $Co_{0.2}Ni_{0.8}$ 时 H_A 最低,这时也出现了最小的 f_r,这种变化关系与式(5.1.2-1)相吻合,表明随着组成的变化,由于磁晶各向异性场的改变使得粉体的共振峰位置出现相应变化;而共振峰的宽度则与饱和磁化强度的变化有密切关系,粉体的饱和磁化强度随着 x 的增加而增加,同时 $\triangle f$ 在整个组成范围内也逐渐增加,与式(5.1.2-2)反映的规律一致。

(2) 粉体粒度的影响

粉体粒度对磁导率有强烈的影响,2 μm 的 $Co_{0.2}Ni_{0.8}$ 粉体的微波磁导率虚部与频率的关系如图 5.2-1 所示,可以看出磁导率虚部具有较宽的共振峰,并呈尾部拖向高频的非对称状,这是由于其粒子包含多个磁畴,产生的退磁场导致了共振峰的宽化。4 μm 的羰基铁粉以及其他典型的多畴粒子均呈现这种形状。

当粉体粒径为 220 nm 时,出现多个较窄的共振峰,随着粒径的降低,共振峰移向高频,同时磁导率虚部增加,如图 5.2-1 所示,而当粒径小于 50 nm 时这种多共振行为消失。$Fe_{14}Co_{43}Ni_{43}$ 研究表明,对于 50~400 nm 的亚微米粉体(如图 5.2-2 所示),其第一个共振峰与 Kittel 一致静磁模式有关,后面的几个共振峰按照 Aharoni 理论与非一致交

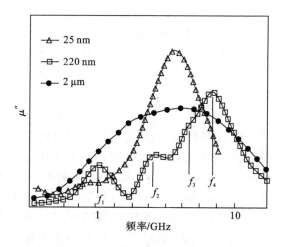

图 5.2 - 1　$Co_{0.8}Ni_{0.2}$ 粉内禀磁导率虚部与频率关系

换共振有关,但当粒径小于临界尺寸时,交变场无法再激励非一致交换共振。因此微米级粉体和纳米粉体的这种动态磁化现象可以由特定磁化过程得到定性的解释。

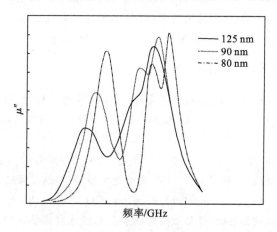

图 5.2 - 2　$Fe_{14}Co_{43}Ni_{43}$ 粉内禀磁导率虚部与频率关系

5.2.3　磁性金属微粉制备工艺

磁性金属微粉制备方法有很多种,主要有物理法和化学法两大类,这些制备方法各有优缺点。近些年来,磁性金属微粉的制备工艺及其微观结构与性能表征等研究受到越来越多的注意,下面对其简要叙述。

(1) 物理法

物理气相沉积法又称蒸发冷凝法,它利用真空蒸发、激光加热蒸发、电子束照射、溅射等方法使原料汽化或形成等离子体,然后在介质中急剧冷凝。这种方法制得的纳米微粒纯度高,结晶组织好,有利于粒度的控制,但是技术设备要求相对较高。根据加热源的不同有惰性气体冷凝法、热等离子体法和溅射法等。

高能球磨法是一个无外部热能供给的高能球磨过程,也是一个由大晶粒变为小晶粒的过程。其原理是把金属微粉末在高能球磨机中长时间运转,并在冷态下反复挤压和破碎,使之成为弥散分布的超细粒子。其工艺简单,制备效率高,且成本低。但制备中易引入杂质,纯度不够高,颗粒粒径分布也较宽。该法是目前制备超细金属微粒的主要物理方法之一。

(2)化学法

化学还原法是利用一定的还原剂将金属铁盐或其氧化物等进行还原制得金属微粉体,主要有固相还原法、液相还原法和气相还原法,其中液相还原法较普遍,液相还原法是在液相体系中采用强还原剂如 $NaBH_4$、KBH_4、N_2H_4,或有机还原剂等对金属离子进行还原得到超细金属粉。如用有机金属还原剂 $V(C_5H_5)_2$ 将 $FeCl_2$ 还原,可以制得平均粒径为 18 nm 的 $\alpha-Fe$ 粉。气相还原法是在热管炉中蒸发还原粉末如以 H_2 和 NH_3 作为还原剂还原气相反应物制备铁粉的工艺,气相还原法能得到均匀、高纯、球形单相的超细 $\alpha-Fe$ 粉末。

微乳液法是利用金属盐和一定的沉淀剂形成微乳液,在其水核区内控制胶粒成核生长,热处理后得到纳米微粒。如在 AOT/庚烷/水体系中,用 $NaBH_4$ 还原 $FeCl_2$ 可以制备出纳米铁微粒,所得纳米铁微粒的粒径随着水核半径的增加而增加,另外用十二烷基苯磺酸钠/异戊醇/正庚烷/水作反应体系,以 $NaBH_4$ 作还原剂还原 $FeCl_2$ 也可制得平均粒径为 120 nm 的球形、均匀的包裹型纳米铁微粒,密度为 3 g/cm^3。

5.2.4 羰基铁粉吸波剂制备工艺

羰基铁粉由于具有磁导率高,吸波频带宽,吸波效果好等优点,是目前研究最多、应用最广的金属微粉吸收剂。羰基铁粉是指由羰基铁分解得到的铁粉,目前羰基铁化合物主要有 $Fe(CO)_5$、$Fe(CO)_9$ 以及 $Fe(CO)_{12}$。其中常用的是 $Fe(CO)_5$,$Fe(CO)_5$ 在自然条件下为琥珀黄色液体,熔点在 19.5~21℃,沸点在 102.7~104.6℃,五羰基铁被加热到 70~80℃即开始分解成 Fe 和 CO,在 155℃时开始大量分解,属于吸热反应,其反应式为:

$$Fe(CO)_5 \longrightarrow Fe + 5CO \uparrow$$

在分解开始形成铁晶核时,铁晶核周围的五羰基铁浓度降低,CO 浓度升高,随后由于温度下降,反应减慢,但是由于活性铁的催化作用,会发生 CO 转化为 C 和 CO_2 的放热反应,使铁核周围的 CO 浓度降低,减弱了铁的触媒作用,使 CO 的分解反应变慢,而在吸附了 C 的铁核周围,$Fe(CO)_5$ 浓度会增高到初级浓度,分解反应又重新开始。反应这样循环下去,因此所形成的羰基铁呈葱头球形结构。加热温度越高,分解速度就越快,实际生产中一般加热到 250~350℃,所分解的羰基铁呈细粉状,粉体粒度在 5μm 以下,如图 5.2-3 所示。生成的羰基铁中含有碳、氧等杂质,主要为立方结构的 $\alpha-Fe$,具有立方结构晶系的磁晶各向异性,磁矩排

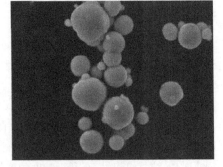

图 5.2-3 羰基铁粉扫描电镜图

列在晶体的易磁化方向上,粉体典型电磁参数如图 5.2 - 4 所示。

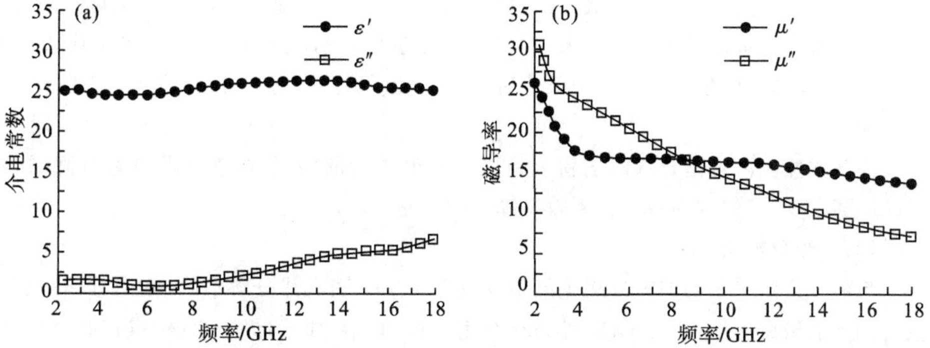

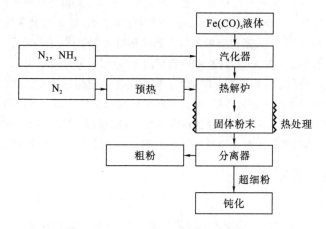

图 5.2 - 4　电磁参数随频率变化曲线
(a)介电常数随频率变化曲线(b)磁导率随频率变化曲线

(1)羰基铁蒸汽分解法

羰基铁粉的制备流程如图 5.2 - 5 所示,在制备过程中首先将液态五羰基铁导入汽化器中,产生 Fe(CO)$_5$ 蒸汽,然后再向汽化器中通入氮气和 NH$_3$,利用其将 Fe(CO)$_5$ 蒸汽带入热解炉中,在热解炉中 Fe(CO)$_5$ 蒸汽与被预先加热的氮气相遇发生热解反应,热解后的汽固混合物中的固体粉末会继续进入分解炉的中下部,此时通过调整炉温,可以对已经成核的铁粉末进行热处理,以便获得理想的粉末形貌和粒度,并通过分离器将不同粒径的粉末分离,收取得到超细羰基铁粉。为了防止铁粉较大的比表面造成的后期自然氧化,收集的粉末需要进行钝化处理,如在氧气氛围下过筛,使其表面形成极薄的氧化膜,随后再进行冷化处理,使其表面能再度减小。

图 5.2 - 5　羰基铁蒸汽分解法流程图

影响粉末粒度大小的因素主要包括氮气的预热温度、氮气流量和羰基铁蒸汽的浓度等。这些因素的影响最终综合反映在热量控制上,在制备过程中应严格控制炉内热量,炉内过热会导致粉体粒度长大;热量不足则会导致羰基铁蒸汽不能完全分解。

氮气预热温度的高低对粉末粒度影响很大,随着温度升高,成核率提高,因而粉体的粒度降低,但超过一定温度后,微粒碰撞几率增加,使粉体迅速长大,粒度反而随之增加。

预热氮气流量也是影响粒度大小的因素,随着预热氮气流量的增加,粉末比表面积变大,粒度变细。但是达到某一极限值后,过多的氮气带来的热量逐渐过剩,使粉体的粒度增加。

羰基铁蒸汽浓度是直接影响粉末粒度大小最关键的因素,羰基铁蒸汽浓度降低,粉末粒度随之变小,但这同时会带来效率降低的问题。

(2)激光分解法

与前面方法采用高温氮气提供能量促进 $Fe(CO)_5$ 蒸汽热分解不同,激光分解法利用激光的高能量密度促进 $Fe(CO)_5$ 蒸汽的分解。基本过程如下:激光束被发射到反应室内并直接照射到高纯 $Fe(CO)_5$ 上,$Fe(CO)_5$ 在高能激光的作用下直接发生气化,并且在光敏催化剂的作用下发生分解反应,然后聚集成核并长大成链球状的粉末。对粉末进行分离,收集得到 $\alpha - Fe$ 粉体。在此过程中对羰基铁粉粒径等性能具有影响的参数主要包括激光的功率、$Fe(CO)_5$ 流量以及光敏剂的量等。

(3)羰基铁/镍混合法

羰基有机化合物(如五羰基铁、四羰基镍等)都具有低温液态,高温直接分解为一氧化碳和金属原子的特性。并且镍和铁一样为铁磁性金属,因此在生产中常常采用羰基铁/镍混和物热分解法生产 $\gamma - (Fe, Ni)$ 合金颗粒。其生产过程如下:将五羰基铁和四羰基镍液体按照一定配比在密闭容器中进行充分混合,然后将混合溶液送入热分解器中,在 $400 \sim 600 ℃$ 进行热分解,反应过程可用如下式子表示:

$$Fe(OH)_5 + Ni(CO)_5 \xrightarrow{\triangle} \gamma - (Fe, Ni) + 9CO \uparrow$$

分解反应发生后,需要在反应器中通入冷氮气、氨气和液氮进行快速冷却,即可得到 $\gamma - (Fe, Ni)$ 合金粉。对合金颗粒微观结构的分析结果表明,该方法制备的颗粒主要为面心立方的 $\gamma - (Fe, Ni)$ 合金,所得颗粒形状为非球形链状聚集体,平均粒度为 $10 \sim 50$ nm,在颗粒内部没有孪晶缺陷,而且是一种典型的分形结构,分形维数为 1.64,明显低于无磁性颗粒聚集体的典型分形维数,说明合金颗粒间存在较强的磁相互作用,这种作用主要是颗粒磁偶极子之间的静磁作用,也有邻近颗粒间的交换作用。通过调整羰基铁和羰基镍的比例、温度、压力、流量和稀释比例等因素,可以获得不同粒度、不同性能的吸波剂粉体,而且经过冷处理方法制备的粉体含杂质较低,在使用中也不易被氧化。

5.3 其他磁性吸波剂

(1)纳米 Fe_3O_4

纳米微粒是指颗粒尺寸为纳米量级的超细微粉,它是由数目较少的原子或分子组成的原子或分子团簇,粒径在 $1 \sim 100$ nm 之间。当粒子尺寸进入纳米量级时,其自身具有小尺寸效应、表面效应及量子尺寸效应,因而具有如下一系列优异的物理、化学特性:

①粒子的尺寸与光波波长、德布罗意波波长以及超导态的相干长度或透射深度等物理特征尺寸相当或更小时,晶体周期的边界条件将被破坏,非晶体纳米微粒的颗粒表面

层附近原子密度减小,导致声、光、电磁、热力学等物理特性呈现出新的小尺寸效应。

②量子尺寸效应使纳米粒子的电子能级发生分裂,分裂的能级间隔正处于与微波对应的能量范围($10^{-5} \sim 10^{-2}$ eV)内,从而导致新的吸波效应。

③由于纳米颗粒尺寸小,比表面积大,表面原子比例高,悬挂键增多,从而界面极化和多重散射成为重要的吸波机制。

通过改变量子尺寸可以控制吸收频带的带宽,因此纳米材料作为吸波剂可制得宽频带吸波涂层。纳米粉体的这种结构特征使得其具有吸波频带宽、兼容性好、质量轻和厚度薄等特点,易于满足微波吸波材料"薄、轻、宽、强"的要求。

采用同一方法制备平均粒度约 10 nm 和 100 nm 两种粒径的 Fe_3O_4(前者编号 N1,后者编号 N2),分别加入混合有耦联剂的有机溶剂中(溶剂以完全浸泡所有 Fe_3O_4 粉为宜),用超声波充分搅拌分散,然后过滤,在 50 ℃温度下干燥。用环氧树脂粘接成型,压制成所需的标准测试样品。用 HP4191 型阻抗分析仪,在 $1 \sim 1000$ MHz 频率范围内测定磁导率虚部 μ'' 和材料对电磁波的电压反射因数(Γ)(图 5.3-1(a)),用公式 $R = -20lg|\Gamma|$ 计算出功率反射因数 R(图 5.3-1(b))。从图中可以看出,平均粒度为 10 nm 的 Fe_3O_4 制备的样品明显具有更高的磁导率虚部,并且在高频具有更低的反射率。

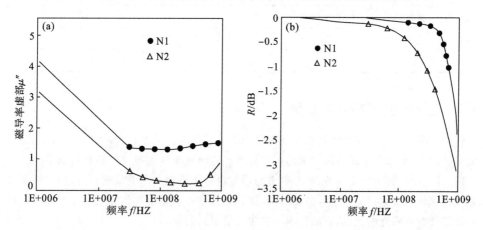

图 5.3-1　两种粒度的纳米 Fe_3O_4 的电磁参数与反射率
(a)μ'' 与 f 的关系;(b)R 与 f 的关系

(2) 铁原子团簇

金属原子团簇与具有 π 电子的碳原子团簇相似,其共有化电子不能被视为无限自由的,而是受边界约束的,因而其电子能谱不是连续能带,而是具有分裂能级的特性。它们的共有化电子可吸收光子从低能级跃迁到高能级而具有吸光的特性。电子能级之间的间距与团簇的大小密切相关,调整团簇的大小可以使得吸波材料吸收不同波长的电磁波。可以利用这种特性来设计所需的吸波材料。苟清泉教授提出了以下设计原理:

①可制备尺寸大小不同的金属原子团簇用作吸波材料。大小在几个微米到几十个微米的团簇可吸收频带比较宽的电磁波。

②如果要制备兼容红外与微波的吸收材料,需要混合使用纳米级团簇与微米级团簇

来实现。

③使用超声波的声学空化作用。通过超声波粉碎粗颗粒 Fe 粉并进行分散,制备纳米级和微米级的铁原子团簇材料。纳米级及微米级的铁原子团簇都呈现球状。纳米 Fe 团簇材料的平均粒度为 26 nm。

将粒径为 1 μm 左右的铁原子团簇材料与分散黏结剂均匀混合,然后将混合均匀的材料涂敷在铝制平板垫底上,制备厚度为 2 mm 的涂层,涂层固化后,涂层表面均匀平整且与铝制样板粘接牢固。对于 Fe 团簇浓度为 18.0% 左右的样品,2 mm 厚时,每平方米所需的涂料值为 2.788 kg。利用同样方法分别将 3.0 μm C、2.0 μm Ni 和 3.0 μmWc 制成样板,同时进行检测。采用自由空间样板移动法检测团簇材料对微波的反射率。频率 8～17 GHz 范围内,对 4 种不同样品进行了反射率的测试。检测结果如表 5-3 所示。

表 5-3 4 种吸波材料的反射率

反射率/dB		频率/GHz									
		8	9	10	11	12	13	14	15	16	17
样品编号	NO.1(C 3 μm)	−0.60	−0.61	−0.23	−1.09	−0.32	−3.10	−0.76	−0.47	−0.56	−2.18
	NO.2(Ni 2 μm)	−0.60	−0.51	−0.23	−0.28	−0.29	0	−2.28	−0.20	−0.16	−2.18
	NO.3(Wc 2−3 μm)	−0.29	−0.51	−0.71	−0.56	−0.92	−2.50	−0.83	−1.94	−1.09	−2.83
	NO.4(Fe 1.0 μm)	−0.48	−0.51	−1.34	−0.70	−4.07	−8.60	−7.96	−14.89	−16.06	−12.04

5.4 磁性吸波剂研究前景

目前国内外对磁性吸波材料的研究已经取得了巨大的进展,在传统吸波剂应用日益成熟的同时,也加大了新型吸波剂的开发力度。传统铁氧体等吸波剂已经得到了广泛的应用,并且由于其耐高温等特点,是航空隐形材料中不可缺少的吸波剂;通过烧结铁氧体做成铁氧体瓦也大量应用于吸波暗室中,能够很好地改善暗室在低频的测试环境。吸波剂是吸波材料研究的重点,它从根本上决定吸波材料的好坏。

如果仅仅依靠提高吸波剂性能来提高吸波材料的吸波效能,其效果是十分有限的,因此还必须考虑吸波剂在吸波材料中的应用方式,如吸波剂在基体中的分布状态、吸波剂的改性处理以及基体结构设计等。就目前吸波剂研究的趋势以及对吸波剂的实际要求来看,今后吸波的研究还需要在以下的方向努力:

①对于铁氧体等传统的吸波剂,继续对其粒度、形貌和组成进行优化。吸波剂粒度、形貌以及组成影响着复合体的等效电磁参数,从而影响复合体的复介电常数、复磁导率以及损耗角正切,进而影响吸波材料的吸收效能。

②通过对铁氧体、羰基铁等磁性吸波材料进行表面处理或空心化处理等,进一步提高其性能,通过表面处理也可以调节吸波剂的电磁参数,对于导电性吸波剂,表面处理可以改善在基体中的分散状态,影响在基体中的导电网络,因此可以改变复合材料的电阻率,改善复合材料的吸收效能。

③吸波剂的复合化。将磁性吸波剂与介电性吸波剂进行复合,充分发挥各自的优点,拓宽对电磁波的吸收频段。

④对羰基铁粉吸波剂进行包覆形成核壳结构提高其使用的抗氧化性能。羰基铁粉兼具电子吸收和磁损耗,因此具有良好的吸波性能,但由于趋肤效应,其粒子尺寸较小,活性较高,容易被氧化,其较高的工作温度加剧了吸波剂的氧化,因此需要进行表面处理以提高其抗氧化性能,目前常用的方法为包覆 SiO_2、Al_2O_3 等形成核壳结构。

第6章 吸波材料的胶黏剂

目前吸波材料主要分为涂覆型和结构型吸波材料两种,其中涂覆型吸波材料的应用更为广泛,技术也更为成熟,是目前隐身飞机以及隐身舰船最常使用的吸波技术。涂覆型吸波材料主要是由吸收剂和胶黏剂两部分组成,其中吸收剂为涂覆型吸波材料提供了所需要的电磁性能,而胶黏剂则是涂覆型吸波材料的成膜物质,起黏结吸收剂和其他填料的作用,决定了涂覆型吸波材料的物理力学性能和耐环境性能。这类材料通常要求达到薄(厚度)、轻(质量)、宽(频带)、强(力学)的要求。一般来说,制备薄而轻的涂覆型吸波材料在技术上并不难实现,但同时要求达到宽频且较高力学性能,则往往比较困难。

涂覆型雷达吸波材料按胶黏剂的不同可分为塑料类、橡胶类、树脂类和其他类,一般有涂料型和贴片型两种。涂料型就是把电磁波吸收剂同胶黏剂混合后按涂料的方法使用;贴片型就是把吸收剂和基料混合后做成薄片,使用时把贴片粘贴于物体表面。塑料类是以泡沫塑料为载体的隐身材料,这类材料几乎都是贴片型。橡胶类材料一般为贴片型的,其基料为各种各样的橡胶,如丁腈橡胶、天然橡胶、硅橡胶和氯丁橡胶;树脂类材料都是涂料型的,它通过在树脂基料中加入高吸收率的电磁波吸收剂来构成,吸收剂有金属超细粉末、导电炭黑和铁氧体粉末等。通常为了使吸收剂发挥高效率,还可以适当地加入导电纤维。

目前,国内外用于雷达吸波涂料的胶黏剂主要有橡胶型和树脂型两大类。橡胶型胶黏剂主要有:氯丁橡胶、聚异丁烯、丁烷基橡胶、硫化硅橡胶等,这类胶黏剂具有弹性高、柔性好、阻尼大和耐振动性好等优点。树脂型胶黏剂主要有:聚酯、聚氨酯、酚醛树脂和环氧树脂等。这类胶黏剂具有附着力、韧性、刚性和耐冲刷性能好的优点。从现有研究进展看,综合性能较好、工艺稳定又能够适应隐身飞机较高工作温度的胶黏剂体系主要有聚酰亚胺树脂和硼酚醛树脂等。

6.1 聚酰亚胺

聚酰亚胺(polyimide,简称 PI)是分子主链中含有酰亚胺环状结构的环链高聚物,其中含有酞酰亚胺结构的聚合物为最重要的部分。第一个聚酰亚胺于 1908 年被合成,50 年代末发现全芳族聚酰亚胺具有极其优良的热氧化稳定性和力学性能后,这类高聚物的研究逐渐引起人们的兴趣。人们最初的注意力主要集中在提高聚酰亚胺的热稳定性上,随着研究的不断深入,逐渐认识到每一高聚物都有其上限的使用温度,人们开始着眼于提高 PI 的加工性能、降低成本等方面的研究,除了经典的两步法合成 PI 外,热塑性 PI 和加成型 PI 也相继出现,目前,聚酰亚胺已成为较常见的商业化耐高温高聚物之一。聚酰亚胺具有以下几个明显优点:

①优良的综合性能。在-200～+260 ℃之间维持优良的力学性能和电绝缘性,并且在这个温度范围内长期使用时具有优良的耐磨性、耐热性、耐辐射性、较高的尺寸稳定性(极低的线膨胀系数)。

②能够以多种形态广泛应用,例如能以未固化的树脂、已固化的膜、纤维等形式用作涂料、胶黏剂、层压板和复合材料基材等。

③特有的官能团结构赋予聚酰亚胺许多功能特性,比如掺杂后可用作导电高分子,能够有效调整吸波涂层的电磁参数,更好地实现阻抗匹配。

④与其他杂环高分子相比,PI 所用单体比较简单、合成方便、成本低。并且其合成路线众多,合成方法丰富。如可以采用环化缩聚、自由基反应、离子型加聚、"裂解"聚合、Dicks-Alder 聚合、亲核取代聚合等方法,因此便于分子设计和进行化学改性。

6.1.1　聚酰亚胺的性能

在物理性能方面,根据热重分析可知全芳香聚酰亚胺开始分解温度一般在 500 ℃左右。由联苯二酐和对苯二胺合成的聚酰亚胺,热分解温度达到 600 ℃,是迄今聚合物中热稳定性最高的品种之一。聚酰亚胺可耐极低温度,如在热力学温度 4K(-269 ℃)的液态氢中仍不会脆裂。聚酰亚胺还具有良好的机械性能,未填充的塑料抗张强度大于 100 MPa,均苯型聚酰亚胺薄膜(Kapton)为 250 MPa,而联苯型聚酰亚胺薄膜(Upilex)达到 530 MPa。作为工程塑料,弹性模量通常为 3～4 GPa。据理论计算,由均苯二酐和对苯二胺合成的聚酰亚胺纤维的弹性模量可达 500 GPa,仅次于碳纤维。

在化学性能方面,聚酰亚胺对稀酸较稳定,但一般的品种不耐水解,尤其是碱性水解。这个看似缺点的性能却给予聚酰亚胺有别于其他高性能聚合物的一个很大特点,即可以利用碱性水解回收原料二酐和二胺。例如对于 Kapton 薄膜,其回收率可达 90%。聚酰亚胺有一个很宽的溶解度谱,根据结构的不同,一些品种几乎不溶于所有有机溶剂,另一些则能够溶于普通溶剂(如四氢呋喃、丙酮、氯仿,甚至甲苯和甲醇)。聚酰亚胺的热膨胀系数在 $2 \times 10^{-5} \sim 3 \times 10^{-5}/℃$,联苯型聚酰亚胺可达 $10^{-6}/℃$,与金属在同一个水平,还有个别品种甚至可以达到 $10^{-7}/℃$。聚酰亚胺具有很高的耐辐照性能,其薄膜在吸收剂量达到 5×10^7Gy 时强度仍可保持 86%,一种聚酰亚胺纤维经 1×10^8Gy 快电子辐照后其强度保持率仍为 90%。聚酰亚胺具有很好的介电性能,普通芳香聚酰亚胺的相对介电常数为 3.4 左右,如果引入氟、大的侧基或将空气以纳米尺寸分散在聚酰亚胺中,相对介电常数可降到 2.5 左右,介电强度为 100～300 kV/mm,体积电阻率为 $10^{17}\Omega \cdot cm$,并且这些性能在很宽的温度范围和频率范围内仍能保持在较高的水平。

6.1.2 聚酰亚胺合成上的途径

聚酰亚胺品种繁多、形式多样。目前被合成并进行研究的聚酰亚胺已达上千种。这主要得益于聚酰亚胺在合成上的多途径特性，因此可以根据各种应用目的进行选择。这种合成上的易变通性是其他高分子难以具备的。

聚酰亚胺主要由二元酐和二元胺合成，这两种单体与众多其他杂环聚合物的单体相比，如聚苯并咪唑、聚苯并噁唑、聚苯并噻唑、聚喹噁啉及聚喹啉等，具有原料来源广，合成比较容易的优点。

聚酰亚胺可以由二酐和二胺在极性溶剂，如 DMF、DMAC、NMP 或 THF/甲醇混合溶剂中先进行低温缩聚，获得可溶的聚酰胺酸，成膜或纺丝后再加热至 300 ℃ 左右脱水成环转变为聚酰亚胺；也可以向聚酰胺酸中加入乙酸酐和叔胺类催化剂，进行化学脱水环化，得到聚酰亚胺溶液或粉末。二酐和二胺还可以在高沸点溶剂，如酚类溶剂中加热缩聚，一步获得聚酰亚胺。

此外，还可以由四元酸的二元酯和二胺反应获得聚酰亚胺；也可以由聚酰胺酸先转变为聚异酰亚胺，然后再热转化为聚酰亚胺。这些方法都为加工带来方便，前者称为 PMR(polymerization monomer reagents) 方法，可以获得低黏度、高固含量的溶液，在加工时一个具有低熔体黏度的窗口，特别适于复合材料的制造；后者则增加了溶解性，在转化的过程中不放出相对分子质量低的化合物。

按照合成及加工成型方法，可将聚酰亚胺分成 3 类：

①缩合型聚酰亚胺(condensation polyimides)，这类聚酰亚胺以聚酰胺酸(polyamic acids)形式加工成型，然后用化学方法或物理方法脱水环化形成聚酰亚胺。后面这一步反应通常称之为酰亚胺化(imidation)。

②热塑性聚酰亚胺(thermoplastic polyimides)，这类材料是以聚酰亚胺形式按热塑性塑料的加工方式加工成型的。

③加成型聚酰亚胺(addition polyimides)，这类材料通常以含有潜在活性基团的酰亚胺预聚体加工成型，然后在加热时，通过活性基团的化学反应使分子链增长，通常得到热固性聚酰亚胺(交联型聚酰亚胺)。

6.1.3 缩合型聚酰亚胺胶黏剂

缩合线型全芳族聚酰亚胺具有突出的耐温性和热氧化稳定性、耐辐射、耐溶剂、低密度以及优异的力学性能和电性能，是耐高温胶黏剂的佼佼者。

(1)缩合型聚酰亚胺的合成

60 年代初发明了合成全芳族聚酰亚胺的二步法，该方法由芳族四酸二酐和芳族二胺反应生成高分子量的、能溶于极性溶剂的预聚体-聚酰胺酸，常用溶剂为二甲基甲酰胺、二甲基乙酰胺、二甲基亚砜及 N-甲基吡咯酮等，然后加热或在脱水剂作用下脱水环化缩聚，生成聚酰亚胺，反应式如下：

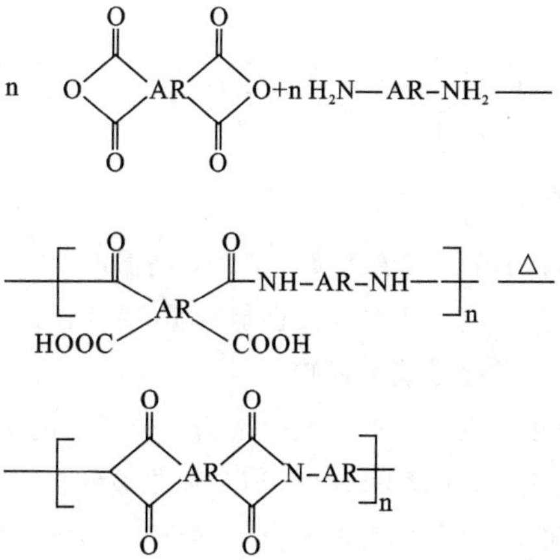

用作胶黏剂的缩合型聚酰亚胺,必须以聚酰胺酸形式加工,由于聚酰胺酸在固化过程中会有挥发物如水和溶剂产生,因此会给胶接件带来结构缺陷,通常在固化时要加压除去气泡,因此缩合型聚酰亚胺胶黏剂不宜用于大面积的胶接,缩合型聚酰亚胺胶黏剂通常以中间体聚酰胺酸的形式进行贮存。聚酰胺酸是溶解性很大的高分子电解质,其溶液对温度、浓度及湿度都敏感,浓溶液比稀溶液稳定。

以上讨论的是 AA – BB 型聚酰亚胺的合成,同一个单体中同时含有酸酐和氨基(称 AB 型单体)合成的聚酰亚胺称为 AB 型聚酰亚胺,Rhone-Poulene 公司开发的 Norlimid A380 胶黏剂就属此类聚酰亚胺,它是从邻二甲苯和间硝基苯甲酰氯反应,经 5 步反应得到氨基、羧基酯(即 AB 型单体),这种单体在溶液中加热就形成聚酰胺酸,再经酰亚胺化就生成聚酰亚胺:

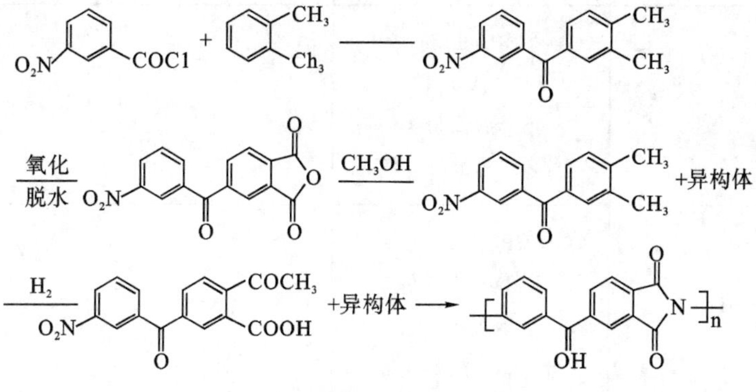

分子中的羟基可引起相邻高聚物链之间发生交联反应,这无疑是 Norlimid 耐温的原因之一。

上面两种方法合成的都是均聚的聚酰亚胺,为了改善缩合型聚酰亚胺的胶接性能,还可将几种不同单体一起反应得到共聚改性的聚酰亚胺,用于胶接 Kapton 膜的 LARC 系列胶黏剂属于这类聚酰亚胺,其合成反应如下:

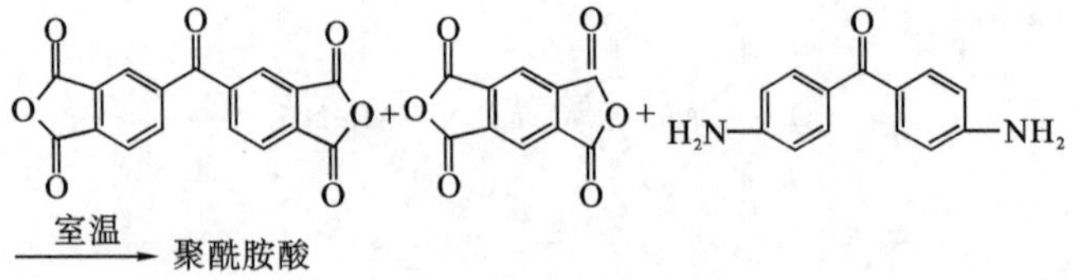

这种胶黏剂在室温时的剪切强度为 68.9kPa，高温时 41.4kPa，并且随着刚性单体均苯四甲酸二酐含量的增加，高温下的胶接性能有明显提高。

(2)聚酰胺酸分子量对胶接性能的影响

一般情况下，分子量小的胶接强度比相同结构高分子量的聚酰亚胺胶黏剂的胶接强度低，但当以单酐为封头剂时，规律不成立。当单体二胺和二酐的摩尔比为1∶1时，所获得的聚酰胺酸的分子量最大，当用单官能团分子，即单官能团的胺或酐作封头剂时，可以控制高聚物的分子量。表 6-1 为分子量对聚酰亚胺胶接性能的影响。

表 6-1　分子量对聚酰亚胺胶接性能的影响

高聚物	组成	在 288 ℃的剪切强度/MPa
I-51	MPD 98 份 BTDA 100 份 苯胺 4 份	15.0
I-59	MPD 95 份 BTDA 100 份 苯胺 10 份	11.6
I-60	MPD 99 份 BTDA 99 份 苯胺 2 份 邻苯二甲酸酐 2 份	14.6
I-61	MPD 97.5 份 BTDA 97.5 份 苯胺 5 份 邻苯二甲酸酐 5 份	11.9

(3)溶剂对缩合型聚酰亚胺胶黏剂性能的影响

最初的线型聚酰亚胺胶黏剂是在极性溶剂如 DMAc 或 DMF 中以聚酰胺酸形式制得的，这些酰胺溶剂残留在高聚物内，在胶接过程中产生气泡，并通过酰胺交换反应诱导胶黏剂的降解。有一类特殊的溶剂既能获得高分子量的聚酰胺酸，在酰亚胺化过程中又不会降解,这类优良的溶剂就是脂肪醚类。其中四氢呋(THF)、二氧六环和双二甘醇二甲醚(diglyme)是单体和产物聚酰胺酸的较好溶剂,这些脂肪醚溶剂与聚酰胺酸的相互作用比较小,由二甘醇二甲醚制得的胶黏剂,剪切强度有大幅度提高,因此二甘醇二甲醚常被用作几种线型聚酰亚胺胶黏剂的溶剂。

(4)填料对缩合型聚酰亚胺胶黏剂性能的影响

为了研究金属加入后对聚酰亚胺本体的影响。胶接前在线型聚酰亚胺胶黏剂中加入 30%~70%(重量百分比)的铝粉,可使胶黏剂的最高使用温度有所提高,但金属填料的加入增加了胶接部分的重量,并使胶黏剂胶接部分的柔韧性降低。研究发现少量铝离子(2%)的引入大大提高了聚酰亚胺胶黏剂的高温强度,而不降低其柔韧性,这种含金属离子高聚物结构如下:

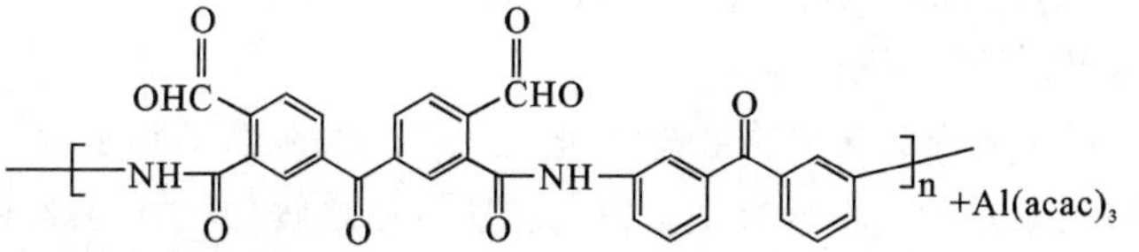

这种有机金属络合物的加入使胶黏剂的 T_g 上升 20 ℃,从而提高了其最高使用温度,这种改性的胶黏剂尤其适用于胶接飞机上的高温膜。Al(acac)的引入使胶黏剂在 275 ℃ 的胶接强度提高了近 3 倍,这可能是由于 Al(acac)提高了填充高聚物的软化温度所致。加入金属粉末和金属离子通常会降低胶黏剂的热膨胀系数,能够起到增强剂的作用。另外,在大多数商品化的聚酰亚胺胶黏剂中都要加入抗氧剂,通常是砷化物,其目的是为了延长胶黏剂在高温下的使用寿命。

6.1.4　热塑性聚酰亚胺胶黏剂

前面讨论的缩合型聚酰亚胺胶黏剂在加工成型过程中产生挥发物,因而无法得到无气泡制品,再加上它的加工周期长、易脆、易龟裂等原因,极大地限制它的应用。为了克服这些缺点,开发了许多热塑性聚酰亚胺。这些聚酰亚胺可用加工热塑性塑料的方法加工成型,不用其酰胺酸预聚体,而直接以酰亚胺形式加工,由于加工过程中无挥发性副产物产生,因而可以得到几乎无气孔的胶接件;同时由于它是热塑性的,通常能溶于某些溶剂中,与缩合型聚酰亚胺相比,热塑性聚酰亚胺有较低的 T_g。

热塑性聚酰亚胺的合成通常是首先合成含有相关基团的单体二胺或二酐,然后将相应的单体聚合、环化得到热塑性聚酰亚胺,赋予聚酰亚胺热塑性的原理是降低缩合型聚酰亚胺分子的刚性,增加柔性,同时尽量保持缩合型聚酰亚胺优异的力学性能和热氧化稳定性、耐溶剂性等。合成方法大致可分为 3 种:

①将柔性基团引入聚酰亚胺主链,这类所谓的柔性基团是那些切断聚酰亚胺主链共轭体系的基团,通过缩短共轭体系,从而降低了刚性;

②合成共聚型聚酰亚胺;

③引入侧基,如苯基、烷基等。侧基的引入往往破坏了主链的对称性,因而降低了 T_g,增加了柔性。

(1)主链中引入柔性基团的 TPI 胶黏剂

通过相应单体的聚合,将如下柔性基团引入聚酰亚胺主链中,这些集团的引入大大改善了聚酰亚胺的加工特性,同时对其性能也带来影响。如脂肪族集团的存在降低了热稳定性。这些基团主要包括如下:

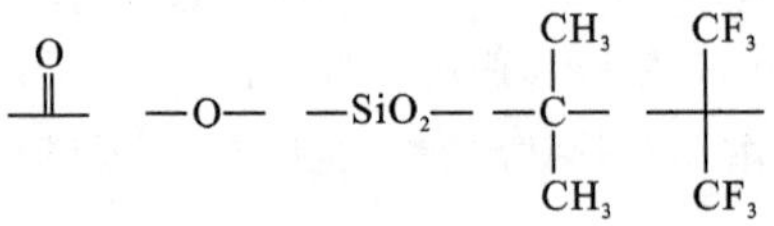

$$\overset{O}{\underset{\|}{}}- \quad -O- \quad -SiO_2- \quad \overset{CH_3}{\underset{CH_3}{-C-}} \quad \overset{CF_3}{\underset{CF_3}{-C-}} \quad 等$$

下面介绍几种典型柔性基团改性的聚酰亚胺:

①全氟脂肪基改性的聚酰亚胺:

将全氟脂肪基引入聚酰亚胺的主链中,既能改善聚酰亚胺的加工性,又能保持缩合型聚酰亚胺良好的耐热性。将含有全氟取代脂肪链的二胺(或二酐)单体与二酐(或二胺)作用可制得一系列聚酰亚胺。Gibbs 选择六氟芳二胺制备了聚酰亚胺,为全氟脂肪基改性的聚酰亚胺商业化提供了基础。但这种方法制备的聚酰亚胺只溶于高熔点溶剂,如二甲基甲酰胺 N-甲基吡咯酮。这些聚酰亚胺都是非晶态的,可热熔加工,都是胶接金属-金属的优良高温胶接剂,所制得的胶接件含气孔不到 1%,气孔可通过在 T_g 以上加压去除。

柔性的六氟异丙烷基团也可通过将相应的二胺单体引入聚酰亚胺主链中形成线型全氟代脂肪直链的聚酰亚胺,其结构如下:

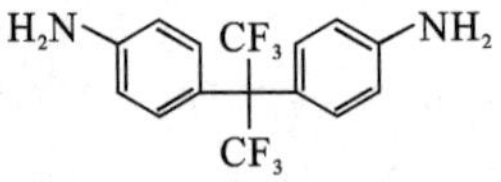

$$H_2N-\underset{}{\bigcirc}-\overset{CF_3}{\underset{CF_3}{-C-}}-\underset{}{\bigcirc}-NH_2$$

这种胶黏剂在高温下能长时间维持其强度,用这种胶黏剂胶接的不锈钢在 340 ℃、1.38 MPa 压力下固化 17 h,再在 300 ℃老化 5000 h,其扭力剪切强度仍为 80.7 MPa;用这种胶黏剂胶接钛合金时,不加添加剂制得的胶接件,其剪切强度为 66.2 Mpa。

②含芳硫醚或/和芳砜的聚酰亚胺胶黏剂:

含芳硫醚或/和芳砜基团的芳香聚酰亚胺与不含这些基团的相应高聚物相比,有较高的链柔性,较好的加工性和较高的热氧化稳定性。由于主链中氧、硫、砜基等的引入,切断了共轭体系,降低了主链刚性,从而赋予这些高聚物以热塑性,同时维持了较高的热氧化稳定性,有的甚至有很高的 T_g,因而这类聚酰亚胺越来越引起人们的注意。

一种研究较多的热塑性聚酰亚胺是聚酰亚胺-砜,这种聚酰亚胺集聚砜优良的热塑性能和芳香族聚酰亚胺的耐溶剂、耐温性于一体,其合成路线如下:

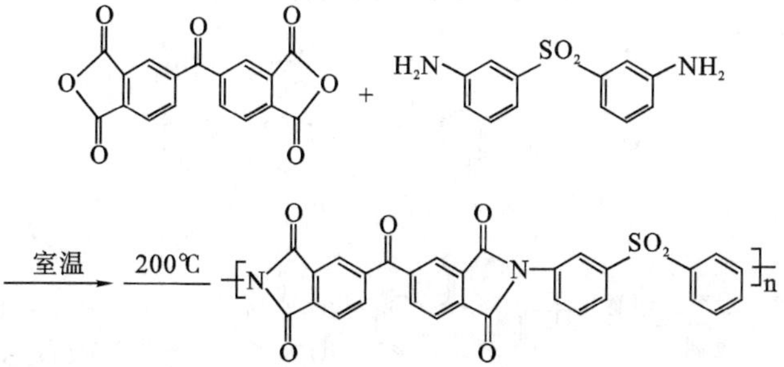

它在 316 ℃空气中老化 350 h,失重仅为 3.5%,T_g 为 273 ℃。该聚合物还有优异的耐溶剂性能,氯代烷、甲苯酚、环己酮为主要溶剂成分的液体对它均无影响。而且原料还具有成本低的优点。胶接钛合金时,在室温下有很高的剪切强度($>$31.0 MPa),在 232 ℃的温度下仍有良好的剪切强度($\geqslant$17.9 MPa),在 232 ℃老化 5000 h 后,室温的剪切强度仍很高($\geqslant$24.8 MPa),在 232 ℃老化 5000 h 后剪切强度基本不变($\geqslant$24.1 MPa),见表 6-2。

表 6-2　热塑性聚酰亚胺－砜胶黏剂性能

测试温度/℃	老化温度/℃	老化时间/h	剪切强度/MPa
室温	—	0	32.1
	177	5000	22.4
	204	5000	20.5
	232	1000	24.1
	232	5000	25.1
177	—	0	22.1
	232	1000	22.3
	177	2500	22.9
	177	5000	25.3
204	—	0	20.1
	204	2500	21.9
	204	5000	20.5
232	—	0	18.1
	232	1000	20.1
	232	2500	19.2
	232	5000	24.5

③含双羰基的聚酰亚胺胶黏剂:

含炭羰基的二酐是合成聚酰亚胺的常用单体,它与不同的二胺作用合成得到的聚酰亚胺胶接性能相差甚远。70 年代末期,线型聚酰亚胺胶黏剂研究的进展导致了 1980 年 LARC-TPI 胶黏剂的开发。LARC-TPI 是一种线型热塑性聚酰亚胺,它能以聚酰亚胺形式加工制得大面积、无气孔的胶黏剂胶接件,它是由 3,3′,4,4′-二苯酮四酸二酐(BT-

DA)和 3,3′-二氨基二苯酮(3,3′-DAB P)反应制得,其过程如下:

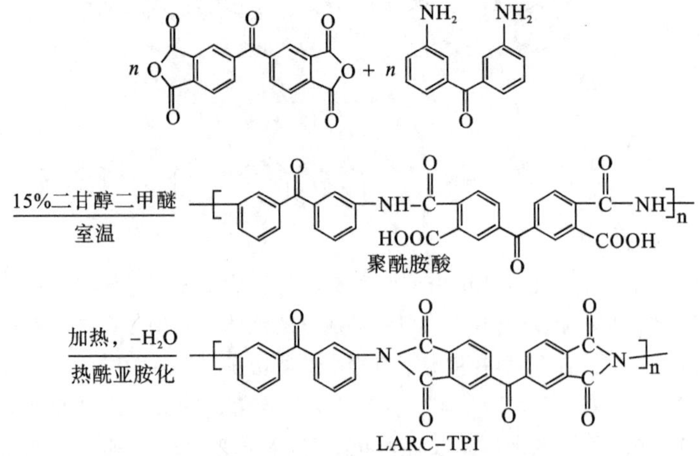

与普通的聚醚酰亚胺不同,LARC-TPI 是环化后在胶接之前除去水和溶剂,其热塑性是由单体中桥联共团的柔韧性和间位连接方式所赋予的,这种材料由于热塑性,可形成大面积、无气孔胶接,因而显示出用作胶黏剂的巨大潜力。

目前,LARC-TPI 主要用于航空工业上制造被用于大面积层压板的胶黏剂。NASA-Langley 开发了用 LARC-TPI 作胶黏剂层压聚酰亚胺薄膜或层压聚酰亚胺薄膜与导电金属箔的工艺,用这种工艺制作的 Kapton 薄膜层压板在标准剥离测试时,胶黏剂不破裂,而 Kapton 薄膜被撕裂。与此同时,LARC-TPI 也被开发用作石墨复合材料机翼板的大面积胶接。

LARC-TPI 是一种热氧化稳定性极优的高聚物,在空气中 300 ℃处理过的膜在动态 TGA 测试中 400 ℃以前无失重现象,在 300 ℃恒温热老化 550h 后仅失重 2%~3%。因为它具有热塑性方式加工的特性,除了用作胶黏剂外,还有许多应用,见表 6-3。

表 6-3 LARC-TPI 的应用

(1)金属和复合材料的结构胶黏剂
(2)压聚酰亚胺胶黏剂
(3)模型粉
(4)复合材料玉材
(5)高温膜
(6)高温纤维

(2)共聚型聚酰亚胺胶黏剂

共聚物结构是指高聚物重复单元中含有 2 种或多种不同的结构连接基团,在均聚物结构中引入第二种结构不同的连接基团是改性均聚物的一条途径。改性的总结果由 3 种因素所决定:第一,引入共聚物中结构基团的类型;第二,所引入基团的量;第三,第二种结构基团在共聚物中分布的有序度,通常有序共聚物比无序共聚物有更好的机械性能。根据结构的不同,共聚型聚酰亚胺主要包括以下几种:

①聚酰胺-酰亚胺共聚物胶黏剂:

含酰胺的聚酰亚胺是一类重要的聚酰亚胺共聚物,酰胺基团的引入使得高聚物易溶、易模塑且易加工,这些性能是以热稳定性下降为代价的,但聚酰胺-酰亚胺仍有可观的热稳定性,介于聚酰胺和聚酰亚胺之间,优点是更易于合成,常用的合成聚酰胺-酰亚胺的方法是利用偏苯三酸酐与芳族二胺作用,其反应式如下:

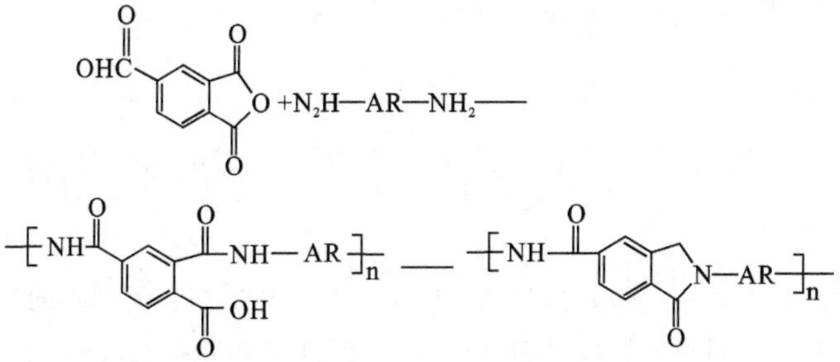

②含硅氧烷聚酰亚胺胶黏剂:

目前已经在硅氧烷-酰亚胺共聚物方面开展了大量工作,其目的就是将酰亚胺高温强度和硅氧烷的低温性能有机地结合起来,这类共聚物的合成有 3 条途径:含硅氧烷的二胺单体与普通的二酐单体聚合;含硅氧烷的二酐单体和通常的二胺单体聚合;在前两种聚合物中加入第三单体共聚合。事实上,硅氧烷的引入使得共聚物具有优良的热稳定性和力学性能,并且可溶、易加工。此外,聚酰亚胺的抗冲击性、耐湿性和表面性能也因硅氧烷的引入而得到明显改善。

1,3-双(氨丙基)四甲基硅氧烷是最常用的合成共聚型含硅聚酰亚胺的单体。当它与 3,3′-二氨基二苯酮一起同 3,3′,4,4′-二苯酮四酸二酐共聚时,可得到 A_xB_y 型热塑性聚酰亚胺,随着硅氧含量的增加 T_g 下降,含硅氧烷-酰亚胺共聚物的剪切强度可与前面讨论的优良胶黏剂 LARC-TPI 相媲美。随着硅氧烷含量的增加,剪切强度下降。

③其他共聚型热塑性聚酰亚胺胶黏剂:

利用共聚物主链中不同结构单元的无规排列,破坏其结晶也是赋予高聚物热塑性的有效途径,Upjohn 公司开发的 Polyimide 2080(PI 2080)就是利用这个原理的实例。其合成方法与通用的合成方法不同,所用的单体不是二胺,而是相应的二异氰酸酯,合成反应式如下图所示:

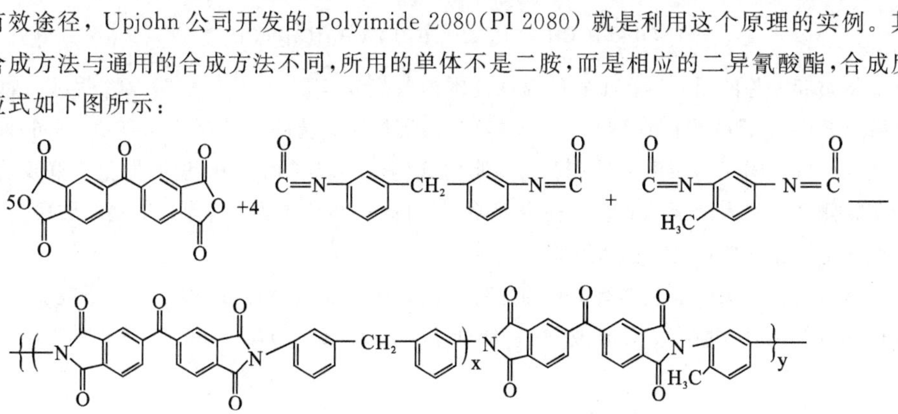

不对称单体 4-甲基-1,3-二异氰酸酯的引入,除了增加主链的无规排列外,还增加了不对称单体结构本身的头头、头尾、尾尾序列异构的可能性,这一特点是其他体系所没有的。异构体数目的增加带来了热塑性的提高,这种热塑性聚酰亚胺易溶于普通溶剂中,尤其是那些非质子极性溶剂,这种聚酰亚胺可用作胶接金属的胶黏剂,另一种值得一提的是所谓的"422"共聚物,它的结构式如下:

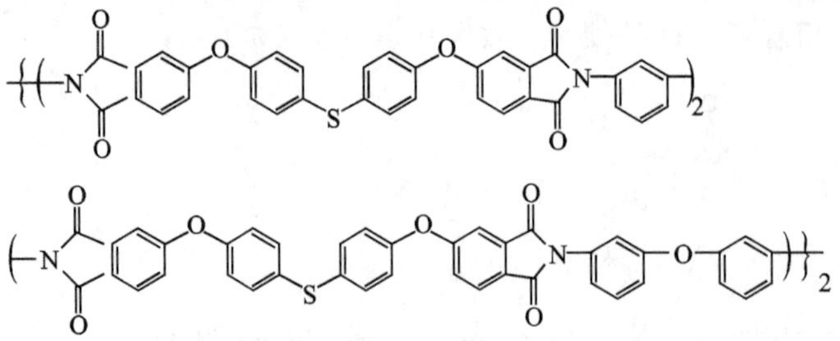

与相应的仅用 4,4'-二氨基二苯甲烷或 4,4'-二氨基二苯醚所制得的均聚物相比,这种共聚聚酰亚胺有不同寻常的低熔融黏度,这就保证了在胶接过程中,胶黏剂对附件所需的良好润湿度。

(3)侧基的引入

在聚酰亚胺的链结构上引入脂肪族基及苯侧基也是改性的重要途径之一。用含不同长度的脂肪族基的二胺单体与二酐作用,制得了一系列含脂肪族侧基的聚酰亚胺,其过程如下:

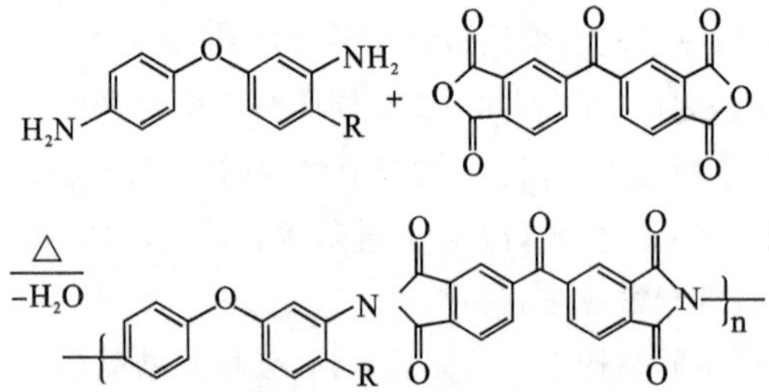

其中R=H, CH$_3$, (CH$_2$)$_3$CH$_3$, (CH$_2$)5CH$_3$, (CH$_2$)6CH$_3$

脂肪族侧基的引入可在很宽的温度范围内改变 T_g,TMA 分析表明,真空固化的 C$_9$ 聚酰亚胺(9 个碳链侧基的 PI)T_g(193 ℃)较无脂肪族侧基的聚酰亚胺低 70 ℃。同时也发现在空气中固化的聚酰亚胺,其 T_g 随脂肪族侧链的增长而上升,说明发生交联反应。脂肪族侧基的引入使聚酰亚胺热稳定性略有下降,机械性能测试表明,聚酰亚胺薄膜的韧性并未因脂肪族侧基的引入而得到改善。

苯基取代的聚酰亚胺具有优异的热稳定性和热熔加工性,因此被广泛地研究。苯基取代的芳族聚酰亚胺有 2 种合成方法,即 Diels-Alder 聚合方法:

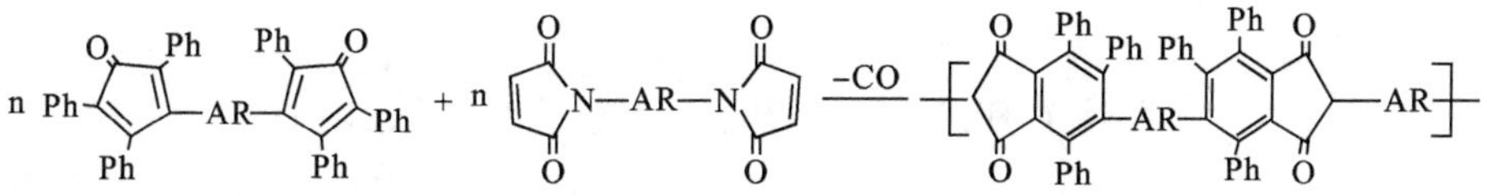

以及苯基取代的双(邻苯二甲酸酐)与芳族二胺聚合方法：

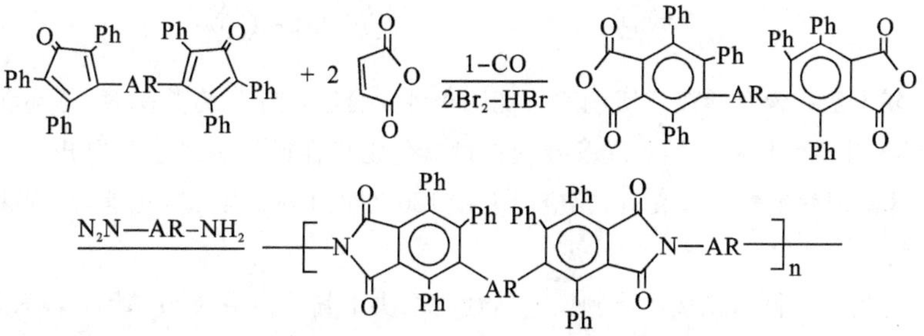

用上述两种方法制得的苯基取代聚酰亚胺可溶于普通溶剂如氯代烷烃中，但第二种方法可制得分子量相当高的聚合物，用该方法制得的聚酰亚胺特性黏度高达 4.0 dl/g，这些苯基取代聚酰亚胺有极优的热稳定性，在空气中 530 ℃ 以前不会失重，它们可浇铸成柔韧的膜。通过选择不同的二酐和二胺单体，其 T_g 在 238～466 ℃ 之间。使用含乙炔基或苯乙炔基的二胺单体可使这些体系发生热交联，用均苯四酸酐部分代替苯基取代的二酐可降低这些苯基取代聚酰亚胺的成本，如果能进一步降低这些体系的 T_g，使之能在比其固化温度低得多的温度下热熔加工，同时进一步降低苯基取代单体的成本，那么这条途径将有广阔的应用前景。

6.1.5　加成型聚酰亚胺胶黏剂

人们为了克服缩合型芳族聚酰亚胺的加工困难，开发了加成型聚酰亚胺。加成型聚酰亚胺是以短链预聚物形式加工，这些预聚物在加热时通过活性端基的加成聚合使链增长，尽管通过这种聚合方法在线型聚酰亚胺加工困难方面有很大改善，但已开发的加成型聚酰亚胺都是热固性的，固化成高度交联的网络，与线型聚酰亚胺相比，这种交联网络是很脆的。

最初人们研究和开发的注意力集中在 N-取代的双马来酰亚胺上，这类酰亚胺分子中的活泼双键能进行自由基或阴离子的均聚或共聚反应而形成大分子，其另一个优点是原料丰富、成本低。常用的另外两种活性基团是乙炔基和降冰片烯(NA，Nadic)基团，用它们作酰胺酸的端基。NA 封端的酰胺酸通常能热转化成酰亚胺预聚体而不使 NA 端基反应，而乙炔基封端的酰胺酸必须通过化学转化成酰亚胺，因为热酰亚胺化通常诱导乙炔端基反应，下面将主要对双马来聚酰亚胺胶黏剂进行介绍。

双马来酰亚胺(bismalimides，简称 BMI)是由马来酸酐与二胺反应合成，其合成反应与合成缩合型聚酰亚胺的二步法很相似，反应式如下：

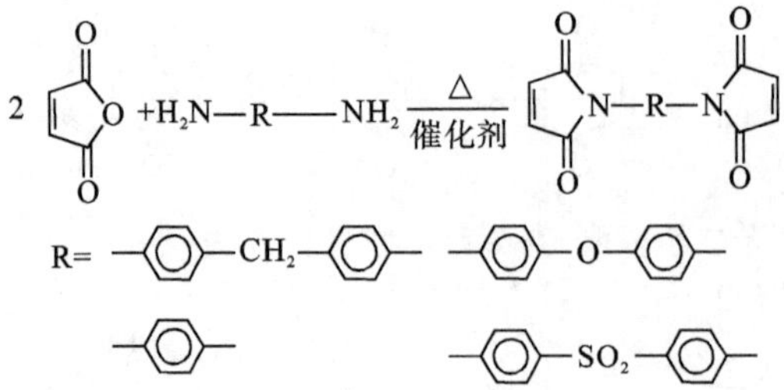

BMI 分子是一含有活泼双键的双官能团极性化合物,当 R 为芳基时,芳环和酰亚胺共轭,保证了其热氧化稳定性。端基双键在过氧化物存在或加热时全部裂开并与另外双键以自由基机理发生聚合和交联,反应温度在 180 ℃ 以上时,则反应迅速,热固化成为一种耐热产物。

BMI 对其他材料的胶接性能和反应活性均取决于其结构中的 R 基团,若 R 为二胺,则 MI 基在间位上的 BMI 反应活性最大,胶接力高;对 R 中有两个苯环的 BMI,其反应活性直接取决于连接苯环桥基的属性和位置,如 BMI-1 较 BMI-4 固化物胶接力高,桥基在间位上则更高。R 为脂肪基时,其耐热性不如芳族 BMI,但其反应活性和胶接力较高。

任何一种纯 BMI 的固化产物都因其交联度太大,材料太脆,胶接力不高而限制了它的实际应用,但纯 BMI 是一种改善高分子材料胶接性能的良好助剂,BMI 用作胶黏剂是经过大量的改性工作得以发展的。

在改性过程中,除保留 BMI 分子中较稳定的芳环和酰亚胺环外,还需延长分子链以增加柔韧性,经过加成或共聚方法,在分子中引入 —NH— $\overset{O}{\underset{\parallel}{C}}$ — $\overset{O}{\underset{\parallel}{C}}$ — —CH₂— —SO₂— 等基团,这些基团也能以苯环间的桥基形式被引入分子链中。

这些基团的引入虽对耐热性略有影响,却能大大提高熔融流动性、可溶性、胶接性和耐磨性等性能。基于这些原则,60 年代末法国 Rhone-Poulene 公司开发了以 Keri mid 为商标的一系列聚氨基双马来酰亚胺(PAM BI),开创了 BMI 应用的新局面,从而以 BMI 为基础的耐热胶黏剂也进入了实用化阶段。

BMI 的双键具有很高的亲电子性,在较低的温度下容易与含胺基、酰胺基、羧基、羟基等基团的多种化合物进行亲核加成反应,例如 BMI 可与亲核试剂芳族二胺(DA)按照异裂开键发生氢离子移位加成共聚反应生成高聚物,但以等摩尔数芳二胺与 BMI 反应产生的高分子聚合物 PABMI 较易热裂解。通常根据不同需要将 BMI 以一定量与 DA 配比,从黏结性考虑,DA 不宜少,从耐热性看,BMI 需要过量,一般选择的摩尔比为 BMI:DA=1.53:1,特殊情况 DA 可过量。

与缩合型聚酰亚胺相比,加成型的 PABMI 具有以下重要特性:①具有与热固性树脂相同的粘弹行为,可用一般方法加工成型。②固化时不放出小分子挥发物,材料无气孔。③与各种填料的相容性好。④价格较便宜、稳定。鉴于这些优点,多年来人们以 PABMI 或 BMI 为主,配合其他能促进粘接性提高的组分,或引入易与被粘物粘附的基团,研究和开发了许多胶黏剂品种。

6.1.6　聚酰亚胺的应用

聚酰亚胺在性能、合成化学上的特点以及可用多种方法加工的优点表明,在众多的聚合物中,聚酰亚胺具有广泛的应用领域,而且在每一个应用领域都显示了极为突出的性能。目前,聚酰亚胺胶黏剂广泛用途如下:

①薄膜:聚酰亚胺最早的商品之一,用于电机的槽绝缘及电缆绕包材料。在柔性印刷线路板上的应用已经形成了巨大的产业。主要产品有杜邦的 Kapton、宇部兴产的 Upilex 系列和钟渊的 Apical。透明的聚酰亚胺薄膜可作为柔软的太阳能电池底板。

②涂料:作为绝缘漆用于电磁线,或作为耐高温涂料使用。

③先进复合材料:用于航天、航空器及火箭的结构部件及发动机零部件。在 380 ℃或更高的温度下可以使用数百小时,短时间可以经受 400～500 ℃ 的高温,是最耐高温的树脂基复合材料之一。

④纤维:弹性模量仅次于碳纤维,是先进复合材料的增强剂,也可以作为高温介质及放射性物质的过滤材料和防弹、防火织物。

⑤胶黏剂:用作高温结构胶。

⑥在微电子器件中的应用:用作介电层进行层间绝缘,作为缓冲层可以减少应力,提高成品率。作为保护层可以减少环境对器件的影响,减少或消除器件的软误差(soft error)。

6.2　硼酚醛树脂

酚醛树脂迄今已有一百多年的历史,并且已有许多品种,发展成为世界上重要的一类工业树脂。它原料易得、合成方便、工艺性能、热性能及电绝缘性能优良,且树脂固化后能满足许多使用要求,因而在工业上得到广泛应用,如电子、电气元件、汽车、交通等高新技术领域。由于酚醛树脂有较好的烧蚀性能,因此作为耐烧蚀绝热材料是必不可少的,从 20 世纪 60 年代起,酚醛树脂就作为空间飞行器、导弹、火箭和超音速飞机的瞬时耐高温材料和烧蚀材料被广泛应用。此外,酚醛树脂也被广泛用于塑料、复合材料、胶黏剂、涂料、纤维等领域。

普通酚醛树脂在 200 ℃ 以下能够稳定存在,若超过 200 ℃,便明显发生氧化,从 340～360 ℃ 起就进入热分解阶段,且随着温度的升高,酚醛树脂将逐渐出现热解、碳化现象,基本结构变化剧烈,释放出大量小分子挥发物。例如,到 600～900 ℃ 时,树脂会释放出 CO、CO_2、H_2O、苯酚等物质,在 800 ℃ 时残炭率约为 55%。为改善酚醛树脂的耐热性,通常采用化学方法对树脂进行改性,如将酚醛树脂的酚羟基醚化、酯化、重金属螯合以及严格后固化条件、加大固化剂用量等。然而,酚醛树脂结构上的酚羟基和亚甲基容易氧化,耐热性受到影响,并且固化后的酚醛树脂因苯环间仅由亚甲基相连显脆性而使产品应用受到一定的限制。因此,随着应用领域的扩展和对产品性能要求的不断发展,单纯酚醛树脂的性能已不能完全满足日益发展的需要,对酚醛树脂进行改性使其具有更好的性能已成为当前研究的一个热点。目前,人们已开发出多种高残炭率酚醛树脂,如氨酚醛树脂、钼酚醛树脂、磷酚醛树脂、硼酚醛树脂以及酚三嗪树脂等。其中硼酚醛树脂900 ℃残炭率是71%,远高于氨酚醛树脂的59%和钼酚醛树脂的56%,因此硼酚醛树脂是当前最成功的改性酚醛树脂品种之一。

热固性硼酚醛树脂(BPF)是在酚醛树脂的分子结构中引入了硼元素,形成了含有硼的三维交联网状结构。普通热固性酚醛树脂主要是通过苄羟基脱水形成醚键进行交联固化。而硼酚醛树脂在固化过程中,除了形成大量醚键,还会有大量硼酯键形成,硼羟基参与了交联固化,使其具有高氧指数、低毒、低烟、低发热量和高耐燃性的性能。热固性硼酚醛树脂典型结构可以表示为:

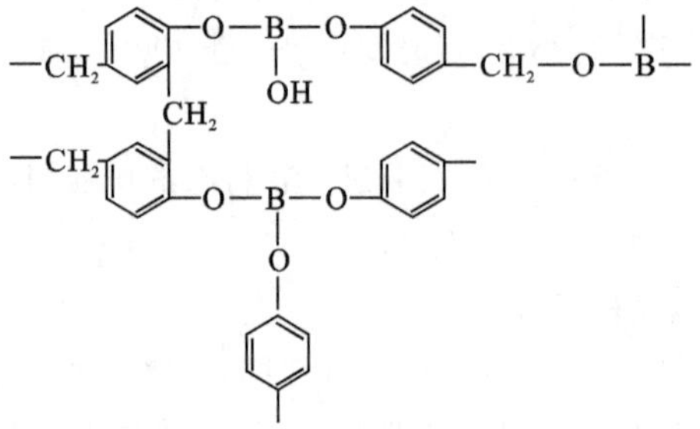

热塑性硼酚醛树脂为线型树脂,具有可熔可溶性质。因可交联的官能团含量少,仅靠加热不会使其固化,需要另加固化剂(如六亚甲基四胺、己二胺等)并加热方能固化。热塑性硼酚醛树脂合成方法和热固性树脂类似,主要有硼酸酯法、水杨醇法和共混共聚法3种。硼酚醛树脂常用原料主要为苯酚、甲醛和硼酸,而硼酸、苯酚均为三官能化合物,要制成热塑性树脂工艺比较复杂。目前关于热塑性硼酚醛树脂的文献报道比较少。

硼酚醛树脂具有优良的防中子辐射的能力和良好的耐烧蚀性能,适合于制备层压复合材料、模压复合材料、绝缘材料、耐烧蚀和耐磨材料。因此,在航空、航天、火箭、导弹、空间飞行器、核电站、核潜艇和飞机、汽车摩擦材料等军工和民用方面都具有广阔的前景。

6.2.1　硼酚醛树脂制备原理与工艺

硼酚醛树脂的制备目前主要有3种方法。根据反应机理可分为硼酸酯法、水杨醇法和共聚共混法,其中前两种方法是利用酚、醛和硼化物在一定条件下进行化学合成,属于化学合成法;第三种方法为物理改性或化学改性,主要是用硼化合物对现有的线型或体型酚醛树脂进行改性,使硼化合物以物理混合或化学交联方式引入酚醛树脂中。化学合成法根据所用原料又可分为甲醛水溶液法和多聚甲醛法。

（1）硼酸酯法

在硼酸酯法中,首先苯酚与硼化物反应生成硼酸苯酯,再与甲醛或多聚甲醛反应生成硼酚醛树脂,通过调节甲醛用量可得到热塑性或热固性硼酚醛树脂,甲醛过量有利于形成热固性硼酚醛树脂。硼酸制备硼酚醛树脂反应过程如下所示:

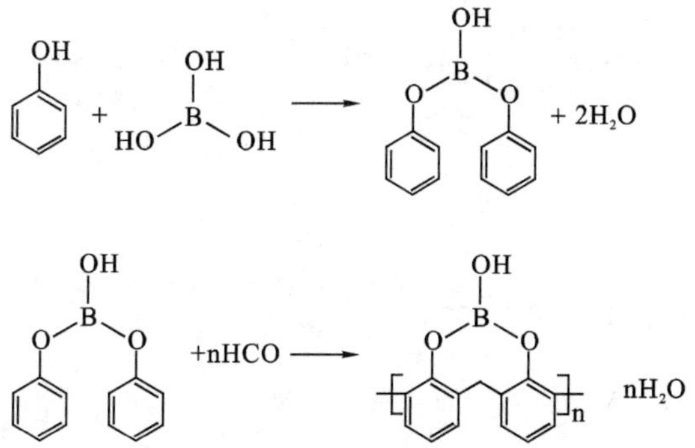

（2）水杨醇法

水杨醇法是指酚首先和甲醛水溶液或固体甲醛在碱性催化剂作用下发生缩合反应,生成水杨醇;同时减压脱水后,加入硼酸,与水杨醇反应生成 BPF;进一步的固化过程中,树脂形成了网络结构。其苯酚制备硼酚醛树脂反应过程如下:

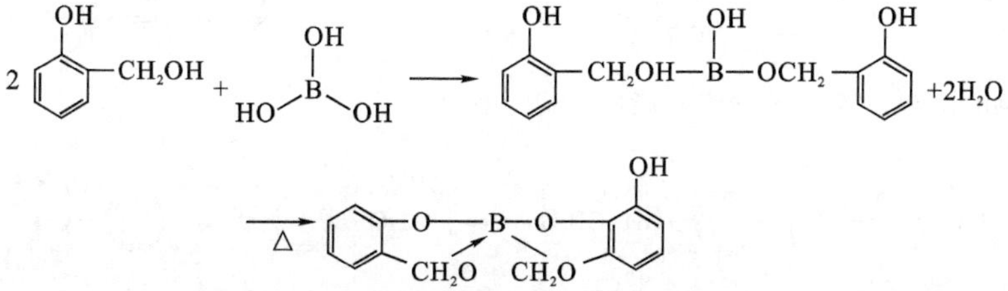

水杨醇同时含有酚羟基和苄羟基,和硼酸反应的活性有所不同,J. G. Gao 等对其进行了深入研究。在完全相同的条件下,将硼酸分别与苄醇和苯酚进行反应,则硼酸/苄醇转化率为 50%,而硼酸/苯酚转化率仅为 4%,并且停止搅拌后绝大部分硼酸会沉淀下来,表明苄羟基的反应活性远高于酚羟基。红外谱图也证明了这一点,第一阶段合成的水杨醇在 $1020\ cm^{-1}$ 处有一个很强的苄羟基吸收峰,而加入硼酸生成甲阶段硼酚醛树脂在 $1020\ cm^{-1}$ 处只有一个很小的肩峰,但在 $1020\ cm^{-1}$ 处酚羟基的吸收峰仍很强,说明此阶段苄羟基大部分已参加了反应,而酚羟基参加反应的不多,因此形成的主要是硼酸苄酯。具体合成工艺如下:

加入计算量的甲醛、苯酚、碳酸钠并加热,当温度升至反应温度(70～75 ℃),反应 2 h。边搅拌边加入计算量的硼酸,待其温度达 100 ℃左右,出现回流现象后,再进行减压脱水,当聚合时间达 60～80 s,温度控制在(200±2) ℃时停止反应,此时得到黄绿色透明脆性固体树脂。然后加入乙醇后得到树脂酒精溶液。所得树脂酒精溶液外观为透明无沉淀的浅黄绿色溶液,长期存放可逐渐变为琥珀色。此法合成工艺及设备简单,产品质量容易控制,被国内外研究者广泛采用。

另有报道由邻甲酚、双酚 A、双酚 F 等通过水杨醇法制备硼酚醛树脂,较普通酚醛树脂具有更好的耐热性、力学性能和电学性能。其中水杨醇法制备邻甲酚硼酚醛树脂的反应过程为:

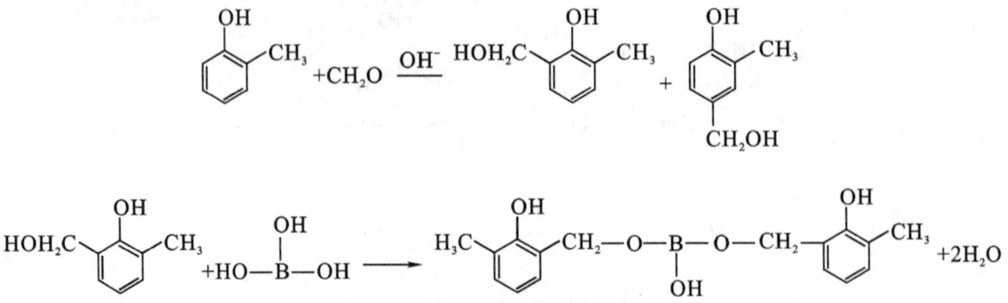

水杨醇法制备双酚 A 酚醛树脂的反应过程为:

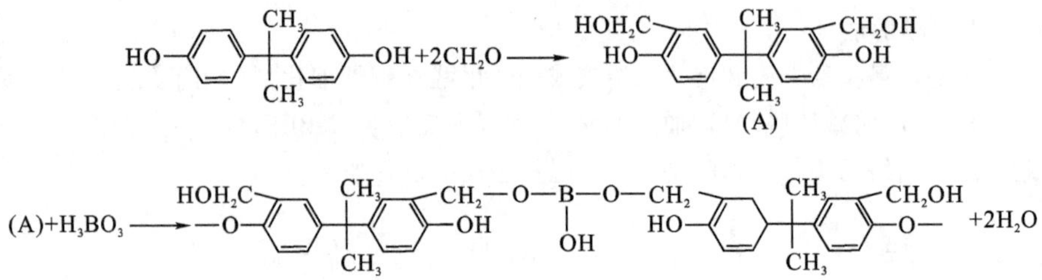

水杨醇法制备双酚 F 酚醛树脂的反应过程为:

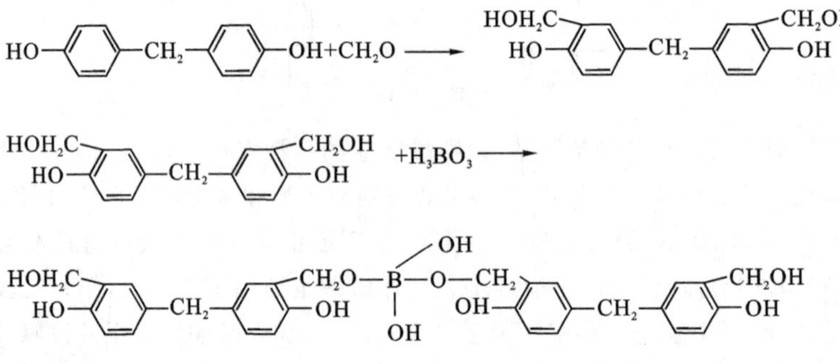

(3) 共聚共混法

共聚共混法是指在传统线型或体型 PF 的合成末期加入硼化合物,将硼化合物以物理混合或化学交联的方式引入 PF 中。该法操作简单,多用于 BPF 复合材料的制备。目前研究最多的硼化物有硼酸、碳化硼、有机硼等。

①硼酸改性线型酚醛树脂:将酚醛树脂粉(内含 4% 的六亚甲基四胺)和硼酸直接混合,然后放到干燥箱中,按一定的固化程序进行固化。在混料之前,先把硼酸放入研钵中研磨成很细的粉末,便于硼酸在酚醛树脂中均匀分散。固化程序是:80 ℃×2 h→100 ℃×2 h→120 ℃×2 h。后固化程序是:150 ℃×4 h→180 ℃×4 h。用硼酸改性线型酚醛

树脂形成 B-O 键,B-O 键的存在既阻碍了端基苯的断裂(提高了耐热性),又促进了高温时亚甲基向羰基的转化(提高了抗氧化性),亚甲基桥和酚硼键均可使 BPF 的力学强度得以提升。

②碳化硼改性酚醛树脂:碳化硼(boron carbide),又名一碳化四硼,分子式 B_4C,通常为灰黑色粉末,俗称人造金刚石,是一种很高硬度的硼化物。与酸、碱溶液均不起反应,化学性质稳定,容易制造而且价格相对便宜。B_4C 改性酚醛树脂为碳/碳复合材料前驱体树脂,可制备具有优良抗氧化性的碳/碳复合材料。在改性酚醛树脂的热裂解过程中,B_4C 的引入使酚醛树脂的热稳定性和残炭率显著提高,并能将酚醛树脂裂解产生的 CO、H_2O 等挥发成分转化成无定形碳和 B_2O_3。在高达 1000 ℃左右的热裂解过程中,B_2O_3 能够以液态(B_2O_3 的熔点仅为 450 ℃)渗入碳化物孔隙之间并浸润碳化物表面,填补树脂碳化过程中产生的裂隙,并在碳化物表面形成一层致密的抗氧化膜,从而显著提高碳材料的抗氧化性。

利用 B_4C 优良的耐高温和抗氧化性将其作为酚醛树脂胶黏剂的改性剂,提高酚醛树脂胶黏剂在高温条件下的粘接性能。普通酚醛树脂胶黏剂通常在 800~1000 ℃时已几乎失效,而 B_4C 改性酚醛树脂胶黏剂在高温下的粘接强度甚至比其室温下的粘接强度更高。

B_4C 改性酚醛树脂的方法只是简单的物理共混,B_4C 与酚醛树脂的相容性较差,难以达到均匀混合,改性树脂易产生沉淀。此外,刚性 B_4C 颗粒在改性酚醛树脂中会形成大量应力集中点和尺度过大的相分离结构,降低树脂的力学性能,尤其是韧性。B_4C 改性的酚醛树脂并不适用于复合材料的基体树脂。

(4) 其他方法

以上是合成硼酚醛树脂的常用方法,随着科技的发展,不断有新方法和新品种出现。

①水杨醇和硼酸酯复合法:据报道,水杨醇法和硼酸酯法复合使用可制备高羟甲基含量的硼酚醛树脂。具体方法是,首先苯酚和硼酸发生酯化反应合成硼酸三苯酯,减压蒸馏并提纯;然后将硼酸三苯酯、苯酚和甲醛按一定比例混合,在碱催化下合成硼酚醛树脂。所得的硼酚醛树脂的 $PhCH_2OH$ 基团红外峰强而宽,表明树脂中 CH_2OH 的含量较高,且羟基的种类较多。

②碳硼烷合成硼酚醛树脂:碳硼烷是指硼原子与碳原子一起组成一种封闭的笼形结构化合物,一般通式可写成 $C_2B_nH_{n+2}$,分子中有 2 个碳原子。B. B. Kopmak 报道用含碳十硼烷的酚(ΦK)合成硼酚醛树脂。ΦK 的结构如图所示:

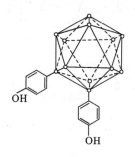

由于碳硼烷是一个"超芳香性"的笼状结构,它能起"能量槽"的作用,使整个分子稳定,同时笼状结构体积庞大,对相邻有机基团具有屏蔽作用,所以具有高的热稳定性,而且不是以 B-O-C 酯键形式存在,所以耐水、耐化学稳定性亦极好。这类含十硼烷的硼酚醛有很高的残炭率,在大气或氮气中 900 ℃下都大于 90%,因此是十分理想的耐烧蚀材料。但由于此树脂所用起始原料为十硼烷,价格昂贵,毒性太大,对人体有危害性,因此,发展此种材料受到了限制。

6.2.2　硼酚醛树脂的有机硅改性

有机硅具有表面能低、黏温系数小、压缩性高等基本性质,还具有耐高低温、电气绝缘、耐氧化稳定性、耐候性且无毒、无味以及生理惰性等特点,被广泛用于高聚物中。有机硅改性硼酚醛树脂主要通过有机硅单体的活化基团与硼酚醛树脂的酚羟基、羟甲基或硼羟基发生反应来制备耐热性和耐水性的有机硅硼酚醛树脂。耐热性提高的根本原因是有机硅中的 Si-O 键能比 C-C 键能高得多。耐水性改善是因为有机硅本身具有优良的憎水性。硅烷偶联剂 KH-550(3-氨基丙基三乙氧基硅烷)是常用的改性剂。

KH-550 改性硼酚醛树脂具体方法如下:以氢氧化钡/甲醛溶液作为催化剂,并加入盛有苯酚的三口烧瓶中,65~70 ℃反应 2~3 h;然后加入硼酸,100 ℃左右反应若干时间;待体系由浅绿色变成浑浊液时,抽真空脱水,升温至 95 ℃时加入水解后的硅烷偶联剂,110 ℃反应若干时间;停止反应后加入乙二醇调节树脂黏度,得到含硼硅的酚醛树脂(BSPF)。

图 6.2-1 为 KH-550 改性硼酚醛树脂的红外光谱图。在红外光谱图中出现了硼氧键的特征峰 1367 cm^{-1},硅氧键的特征峰 1040 cm^{-1}。说明硼、硅已进入树脂大分子链中,形成含硼、硅的杂环结构。

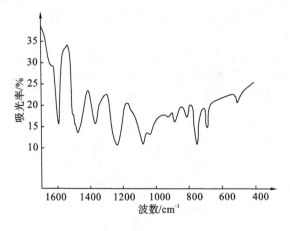

图 6.2-1　改性硼酚醛树脂的红外光谱

KH-550 有机硅对提高硼酚醛树脂耐热性的贡献不大,随着有机硅用量的增加,树脂的残炭率反而有所下降,参见图 6.2-2。但显著降低了硼酚醛树脂的表面张力,改善了硼酚醛树脂的耐水性和对有机材料的相容性。采用 Fowkos 及 Kaelble 提出的几何平均方程计算固体表面张力。计算得到未改性树脂的表面张力为 48.65×10^{-3} N·m^{-1},改性树脂的表面张力为 26.84×10^{-3} N·m^{-1}。

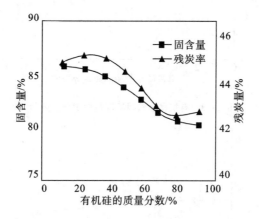

图 6.2-2　有机硅用量对树脂性能的影响

另有报道,用端羟基有机硅改性硼酚醛树脂,将聚硅氧烷链段引入树脂中,可能的分子结构如下:

有机硅预聚物对硼酚醛树脂耐热性和氧指数的提高贡献不大,耐热性和氧指数甚至有下降的趋势,见图 6.2-3、图 6.2-4。可能是由于有机硅链段的存在妨碍了树脂固化时立体网状结构的形成;但有机硅的引入却使得树脂的表面能显著下降,见图6.2-5。表面能的降低有助于提高硼酚醛树脂对增强材料的润湿能力,改善它们之间的界面性能,提高最终材料的力学性能,同时也可改善树脂的储存稳定性。

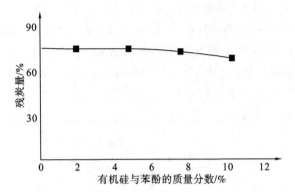

图 6.2-3　有机硅含量对硼酚醛树脂残炭量的影响

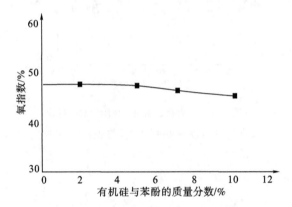

图 6.2-4　有机硅含量对硼酚醛树脂氧指数的影响

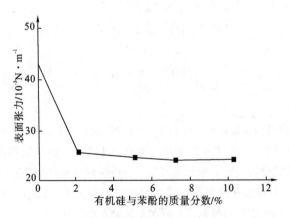

图 6.2-5　有机硅含量对硼酚醛树脂表面张力的影响

6.2.3 硼酚醛树脂的其他改性方法

① 胺改性

由于硼原子的核外电子层不饱和,硼酚醛树脂的耐水性较差。为此,在硼酚醛树脂合成时引入各种胺类(如:六亚甲基四胺、己二胺、苯胺),通过氮与硼配位,形成螯合结构来改善硼酚醛树脂的耐水性。硼酚醛的耐水性会受到硼、氮含量的影响,增加硼含量虽然可使树脂的耐热性提高,但硼含量过多不利于 B←N 配位键的生成,降低树脂的耐水性,使树脂的应用受限;由于 B←N 配位键形成的可能性大于 B←O 配位键,所以 N 含量越高,产物中含 B←N 配位键越多,耐水性越好。然而,上述的硼氮配位键一般在树脂的高温固化阶段形成。树脂储存期内会发生水解进而影响其使用性能。采用羟基胺为改性剂,以多聚甲醛法合成全配位硼氮酚醛树脂,可极大限度地提高硼酚醛树脂的耐水性。

② 植物油改性

植物油中的共轭双键可与酚醛树脂中酚羟基的邻、对位氢发生亲核取代以改性酚醛树脂。腰果油的加入能改善硼酚醛树脂的耐水解性和热稳定性。桐油的加入则可改善硼酚醛树脂的柔韧性和油溶性。

③ 橡胶改性

由于溶解度参数相近,丁腈橡胶与酚醛树脂相容性较好,且丁腈橡胶中的腈基和双键可与硼酚醛树脂中的羟甲基发生反应,因此可用丁腈橡胶改善硼酚醛树脂的性能。当改变丁腈橡胶用量时,改性硼酚醛树脂的冲击强度能够得到明显提高,提高程度高达 92.8%;改性硼酚醛树脂的固化峰顶温度下降,耐热性提高。

④ 双马来酰亚胺改性

双马来酰亚胺树脂(BMI)与烯丙基硼酚醛树脂(XBPF)共聚制备的树脂体系预聚体可溶于丙酮,密封状态下贮存性较好。随着烯丙基含量的增加,固化树脂的耐热性能、力学性能、耐水性能提高。将六次甲基四胺加入到 XBPF 中可生成 B←N 配位键,能明显改善 XBPF/BMI 共聚树脂的耐水性能。

⑤ 纳米粒子改性

纳米粒子改性硼酚醛树脂的性能与制备方法、纳米粒子添加量及种类有关。混合法制备的纳米粒子改性硼酚醛树脂浇注体的冲击性能并无明显改善,而原位生成法制备的纳米 TiO_2 改性硼酚醛树脂浇注体的冲击强度是普通酚醛树脂浇注体的231%。与混合法相比,原位生成法制备的纳米粒子填充改性硼酚醛树脂的耐热性更好,可将硼酚醛树脂的起始分解温度提高约 150℃。其中,纳米 TiO_2 改性硼酚醛树脂耐热性提高的原因如下,纳米 TiO_2 以纳米效应与酚醛分子链间形成很强的范德华力,且其表面羟基通过加热与树脂脱水缩合形成部分共价键;此外,与酚醛树脂不同,纳米 TiO_2 在高温阶段不发生热分解挥发,从而显著提高硼酚醛树脂的耐热性。随着纳米粒子添加量的增加,改性酚醛树脂的残炭率逐渐增加,但反应体系的黏度急剧增加,从而限制了纳米 TiO_2 的增加量。

纳米粒子种类影响硼酚醛树脂的反应活性和冲击强度。纳米金属氧化物 TiO_2 可使硼酚醛树脂的反应活性降低,纳米非金属氧化物 SiO_2 可使树脂体系的反应活性提高,纳

米两性金属氧化物 Al_2O_3 对树脂体系的反应活性则基本无影响。纳米 TiO_2、Al_2O_3、SiO_2 改性硼酚醛树脂的最大冲击强度分别为普通酚醛树脂的 231%、182%、202%。

6.2.4 硼酚醛树脂的性能与应用

(1) 硼酚醛树脂性能

① 耐热性

由于硼原子的引入，大分子中形成 C-O-B 键及 C-O→B 配位键，B-O 键能为 523 kJ/mol，远大于 C-O 键能 347 kJ/mol，使树脂耐热性能突出，热分解温度显著提高。研究表明，随着硼含量的增加，树脂的耐热性能呈递升状，由此也突出了硼的作用。如含硼的酚醛树脂的分解峰温度高达 625℃，双卡十硼烷硅氧烷在 300～500℃下长期使用稳定性很好。

纤维及其织物增强酚醛树脂基复合材料是目前最主要的热防护材料，其耐热性能与固化工艺、纤维含量等有关。液压釜固化后炭布/硼酚醛的残炭率为 80%。而后固化处理的炭布/硼酚醛的残炭率可以达到 87%。硼酚醛树脂基复合材料的耐热性随着玻璃纤维含量的增大而先升高后降低，纤维含量达到临界值之前，玻璃纤维增大了硼酚醛树脂高分子链段热运动的位阻；临界值之后，复合材料中基体含量过低，体系难成一体，热量不能有效传递。

除了与纤维复合外，硼酚醛树脂还可与纳米填料（如碳纳米管、蒙脱土）进行原位聚合制备复合材料。纳米填料表面改性可改善其分散性及其与硼酚醛树脂的相容性，进而提高树脂的耐热性。添加质量分数为 1% 的改性碳纳米管（m－MWCNTs）时，m－MWCNTs/BPF 纳米复合材料的热分解温度（T_d）和 800℃时的残炭率分别高达 470.7℃ 和 72.2%，比 BPF 分别提高了 36.7℃ 和 6.2%。改性蒙脱土/硼酚醛树脂纳米复合材料的热分解温度及在 790℃下的残炭率最高可比改性蒙脱土/酚醛树脂纳米复合材料分别提高 57℃ 和 9.2%。将硼酚醛与正硅酸乙酯进行原位聚合得到质量分数为 3% 的 SiO_2/硼酚醛树脂纳米复合材料的起始热分解（质量损失 5%）温度为 487.7℃，比硼酚醛树脂高 12.4℃；其在 900℃下的残炭率为 62.28%，比硼酚醛树脂高 11.23%。在此基础上，将纳米 SiO_2 杂化硼酚醛树脂溶于乙醇，与双酚 A 环氧混合溶解，浸渍玻璃纤维布后模压制得环氧树脂/双酚 S 硼酚醛树脂/纳米 SiO_2 玻璃纤维增强复合材料。随纳米 SiO_2 含量的增大，复合材料的热分解温度先升后降，当纳米 SiO_2 质量分数为 3% 时，复合材料的热分解温度最大，达 335.1℃，比未加纳米 SiO_2 的复合材料高 18.3℃。

由于可陶瓷化树脂能在高温下裂解成陶瓷保护层，从而来保护内部材料，因此，可陶瓷化树脂基复合材料可用作新型热防护材料。采用 THC－400 硼酚醛为基体，偶联剂处理的微晶云母为填料，热压成型了硼酚醛/微晶云母复合材料。微晶云母的抗氧化性以及助熔氧化物（Fe_2O_3 和 MgO）在硼酚醛剧烈热分解前熔融形成陶瓷保护层，阻止硼酚醛的氧化分解，使得硼酚醛/微晶云母复合材料比硼酚醛树脂具有更高的热氧稳定性。

与上述助熔剂（Fe_2O_3 和 MgO）不同，助熔剂 B_2O_3、Bi_2O_3 中的 B、Bi 与 C 属于邻族元素，价态结构相近，在 580～900℃ 可促进碳结构的重排和堆积，加速了 MgO－Al_2O_3－

SiO_2/硼酚醛陶瓷化复合材料中部分基团的消去;且 Bi_2O_3 玻璃料等助熔剂中的大量金属离子可作为聚合物链段裂解的催化剂,加速树脂基体的裂解。陶瓷填料纳米 Al_2O_3 能均匀散热,熔融以后吸收大量的热;熔融纳米 Al_2O_3 黏度高,与基体、增强纤维的粘附力强,部分密封孔洞,可提高复合材料的耐热性。

② 耐烧蚀性能

作为烧蚀材料,要求汽化热大,热容量大,绝热性好,向外界辐射热量的功能强。烧蚀材料有多种,陶瓷是其中的佼佼者,而纤维增强陶瓷材料是最佳选择。由于酚醛树脂耐烧蚀性能良好。尤其具有突出的瞬时耐高温烧蚀性能和较好的耐冲刷性能,因而在航天器、导弹等宇航工业中长期作为耐高温耐烧蚀复合材料的基体材料。通过对碳/硼酚醛复合材料与碳/聚芳基乙炔复合材料、碳/钡酚醛复合材料的对比研究,发现在质量烧蚀率方面,碳/聚芳基乙炔复合材料<碳/硼酚醛复合材料<碳/钡酚醛复合材料。但是由于钡酚醛热解时产生的气体较多,导致复合材料剪切强度较低,烧蚀后出现较明显的分层或膨胀,引起表观线烧蚀率减小,而碳/硼酚醛试样烧蚀型面规整,烧蚀后试样完整,未分层,因此,就线烧蚀率而言,碳/聚芳基乙炔复合材料<碳/钡酚醛复合材料<碳/硼酚醛复合材料。

③ 辐射性

由于硼原子的显著缺电子性、硼能与其他元素形成很稳定的共价配键、慢中子俘获截面非常大、有吸收中子的特性,使得硼大量用于制造原子反应堆中的控制棒。含硼的酚醛树脂也具有耐中子辐射等高能辐射的性能。

④ 湿(水)性

硼的酚醛树脂中羟基的氢原子被硼原子取代后,其亲水性降低,耐湿性提高。如苯酚甲醛硼酚醛树脂中的 B—O 酯键对潮湿空气非常敏感,遇水后先生成不稳定络合物,最后脱去醇,形成硼酸。双酚-A 型中,由于其分子中对位已取代,硼原子配位数饱和,发生邻位羟甲基化,形成 B—O—C 六元螯合物,水解作用稳定,显著改善了其耐水性。

相比于硼酚醛树脂基复合材料的上述性能,其耐水性的研究报道很少。硼酚醛树脂基复合材料的吸水率与树脂基体的含量有关,混杂纤维(碳纤维和钢纤维)增强硼酚醛复合材料的吸水率低于相应的苯并噁嗪基复合材料。吸水率随着树脂含量的增大先减小后不变,硼酚醛含量为 16% 时发生明显下降,而在 FB 硼酚醛含量达到 18% 后树脂含量的增加对吸水率的影响很小,复合材料的吸水率基本保持不变。硼酚醛预聚体与木粉中的纤维素或半纤维素上所含的羟基键合,封闭大多数羟基,有效控制木粉的干缩湿胀,使硼酚醛/木粉复合材料的尺寸稳定性显著提高,其吸水率远小于纯木粉的吸水率,且复合材料的吸水率随着木粉含量的提高而增大。

⑤ 擦性能

车辆和机械装置的高速化、重载化发展趋势对摩擦材料的瞬时的耐高温性能和摩擦性能提出了越来越高的要求,硼酚醛树脂较适合作为高温制动摩擦材料的基体树脂。硼酚醛树脂基复合摩擦材料的摩擦性能与树脂基体的含量有关。由于硼的引入,使树脂的分解温度高达 510℃,所以制得的摩阻片磨耗较低,在高温时更显示其优越性,如当温度从150℃升高到300℃时,双酚型硼酚醛树脂的摩擦系数从0.35变化到0.37,其中极值为0.40(250℃时),显示该树脂具有较稳定的高温摩擦性能。而且高温分解后,其残余物仍具较平稳的摩擦性能。

此外对硼酚醛树脂进行纳米改性有助于提高摩擦材料摩擦系数的稳定性,减小磨损率,改善热衰退性。添加质量分数为1%的硼酸化碳纳米管后,硼酚醛树脂基材料的磨损率减小了43.2%,摩擦系数和磨损衰退率仅为10.3%和28.6%,摩擦表面保持完好。由于修饰碳纳米管以交联状态分布于基体中,并作为摩擦材料表面转移膜的有效成分,从而有效抑制了硼酚醛树脂的黏着和犁削磨损,摩擦表面基本保持完好。

⑥ 机械性能

由于硼与其他原子形成的化学键具有相对大的柔性,因而,将硼原子引入酚醛树脂的分子结构中,可使树脂的韧性和机械性能得到较大提高。硼酚醛树脂的力学性能为:冲击强度1.49 kg·cm/cm²;弯曲强度19.68MPa;弯曲模量2524.7 MPa。

硼酚醛树脂基复合材料的力学性能与玻璃纤维的含量有关。玻璃纤维增强硼酚醛树脂复合材料的弯曲强度和压缩强度均随着玻璃纤维含量的增加而逐渐增加,当玻璃纤维含量达到50%时,复合材料的弯曲强度和压缩强度均达到最大值;玻璃纤维含量继续增加,复合材料的弯曲强度和压缩强度反而下降。复合材料的冲击强度随着玻璃纤维的增加而增大。当玻璃纤维含量达到70%时,其冲击强度达到最大值。

针对现有层压制品的力学性能低,尚不能满足飞机高强度、高可靠性的要求,有研究将纳米SiO_2引入酚醛环氧树脂中,浸渍高强玻璃布制备层压板复合材料,具有优异的力学性能:弯曲强度、拉伸强度、压缩强度、冲击韧性、层间剪切强度分别为638 MPa、616 MPa、488 MPa、24.3 J/cm²、34.2 MPa。该复合材料可作为耐高温电子电气绝缘材料和航空工业及机械工业中的结构材料使用。

(2) 硼酚醛树脂的具体应用

①硼酚醛树脂胶黏剂

胶黏剂是吸波涂层和基体之间黏结强度的保证。随着航空工业的发展,各种新型胶黏剂进入了吸波涂层领域。胶黏剂除了胶料外,还包括溶剂、固化剂、增韧剂、防腐剂、着色剂、消泡剂等辅助成分。胶黏剂除了最常用的动物胶外,还包括合成树脂、橡胶和油漆。而关于胶黏剂耐高温性能的定义、分类及评价标准,国内外至今尚无统一的规定。一般说来,所谓耐高温胶是指那些在特定条件(温度、压力、时间、介质或环境等)下能保持设计要求黏结强度的胶黏剂材料。一种有价值的耐高温胶应满足以下要求:有良好的热物理和热化学稳定性;具有与多种被粘物及表面处理剂的相容性;有良好的加工性和施工性;固化时不(或很少)释放挥发物;具有预期使用条件(温度、压力、时间、介质或环境等)下的力学性能;价格合理等。

②硼酚醛树脂涂料

防腐涂料硼酚醛树脂是在酚醛树脂分子中引入了硼元素的一种新型的高性能树脂,它除了具有一般酚醛树脂优良的耐酸、耐碱性能外,其热分解温度可高达438 ℃,耐温性能远远高于环氧、聚氨酯、醇酸等通用的涂料树脂,能够胜任飞机吸波涂层复杂的使用环境,然而其在涂料的应用中却并不很广泛,重要的原因是它的成膜性能比较差,需要高温才能固化成膜。

试验表明,以硼酚醛树脂和环氧树脂制作的防腐涂料,常温干燥后能满足一般的防腐要求,而经过进一步加温固化后,涂料的防腐耐热性能比常温固化的涂料有很大的提高。经过高温烘烤后,涂料的性能相对于常温有很大的变化,这是因为在常温下硼酚醛树脂和环氧树脂仅仅是一种简单的混合,并没有发生化学反应,而硼酚醛树脂必须经过高温后才能与环氧基和自身发生交联反应。这种变化是和交联反应相适应的。一般环氧树脂涂料的使用温度在 150 ℃ 以下,而硼酚醛树脂涂料可耐 200 ℃ 的高温,短时间可耐 300 ℃,这归功于硼酚醛树脂独特的耐温性能。常用的有机硅涂料的耐温性能是很优异的,但耐化学药品腐蚀的性能相对较差,利用硼酚醛树脂就可以研制既耐温又耐化学品腐蚀的涂料。

③ 硼酚醛树脂塑料

酚醛树脂(PF)及其塑料是最早研制成功并商品化的合成树脂和塑料,具有悠久的发展历史。由于其原料易得,价格低廉,生产工艺及设备简单,且具有优良的耐热性、阻燃性及优异的力学性能、电绝缘性、尺寸稳定性等诸多优点,因此迄今为止在材料界仍占有重要的地位。但是,传统 PF 结构中的缺陷限制了它的广泛使用。如亚甲基连接的刚性芳环的紧密堆砌,其脆性大;树脂上的酚羟基和亚甲基容易氧化,耐热性和耐氧化性也变差。所以,纯 PF 已经不能满足航空航天等高科技领域的需求。因此,新型高性能 PF 的合成方法一直是近些年研究的核心内容。为了满足高科技领域的需求,国内外研究人员开发出了一系列高性能 PF,其中将硼原子引入 PF 主链结构中,合成含有柔顺性好且键能高的 B-O 键的硼酚醛树脂(BPF),这种方法在提高 PF 综合性能方面取得了良好的效果。

④ 硼酚醛树脂复合材料

Wang Duan-Chih 等采用原位聚合法制备了硼酚醛树脂(BPF)/蒙脱土(MMT)纳米复合材料。先采用不同的有机改性剂对蒙脱土进行改性,改善蒙脱土的亲和性并扩大层间距;再将改性后的蒙脱土与苯酚、甲醛置于反应瓶中,以氨水为催化剂,按照甲醛水溶液法制备了硼酚醛树脂/蒙脱土纳米复合材料。结果表明,蒙脱土片层已被部分剥离,并且均匀地分散在树脂基体中;硼酚醛树脂/蒙脱土复合材料的热分解温度和 790 ℃ 下的残炭率最高可比普通酚醛树脂/蒙脱土复合材料分别高出 57 ℃ 和 9.2%;但硼酚醛树脂/蒙脱土复合材料的吸水率要比普通酚醛树脂/蒙脱土复合材料高,这是由于在合成过程中,存在着未反应的硼或反应不完全的硼。采用固相生成法制备了硼酚醛树脂,其吸水率低于甲醛水溶液法合成的硼酚醛树脂。

第7章　羰基铁粉吸波剂的抗氧化研究

目前研究的高温吸波材料在高温下都存在不同程度的氧化问题,吸波剂的氧化将会不同程度地影响材料的吸波性能,以羰基铁粉作为吸波剂的吸波涂层在 200 ℃ 以上高温热处理 100 h 后反射率开始出现不同程度的变差,说明羰基铁粉在高温下长时间与空气的接触会部分氧化。如果羰基铁粉吸波涂层的抗氧化问题不能得到解决,将会很大程度上限制它的应用范围。因此,羰基铁粉吸波材料的氧化问题是必须解决的问题。

在吸波材料表面涂覆防氧化涂层或者对吸波剂进行防氧化层包覆,是防止吸波剂高温氧化的两个有效途径。本章主要研究吸波剂包覆以及包覆对涂层氧化行为的影响。羰基铁粉抗氧化比较有效的方法是在羰基铁粉表面包覆上一层致密的或者是热稳定性好的物质来阻止高温下氧气与羰基铁粉的接触,从而避免羰基铁粉的氧化。目前,已有许多研究者做了这方面的工作,如 M. A. Abshinova 等给羰基铁粉包覆上一层聚苯胺,并研究其包覆前后的高温热稳定性能;还有一些研究者制备出了 Al/CIPs 和 CIPs/SiO$_2$ 等复合粉,来阻止羰基铁粉发生氧化。本章节将重点介绍金属、SiO$_2$、Al$_2$O$_3$、Fe$_3$O$_4$ 以及 SiO$_2$+Fe$_3$O$_4$ 等包覆羰基铁粉的高温抗氧化效果,以及包覆后高温下长时间热处理前后电磁参数变化,进一步分析研究其热稳定性。

7.1　金属包覆

有研究者采用化学镀、表面沉积技术(胶体沉降技术)或液相化学还原等技术,将羰基铁粉表面包覆 Ag 层、Co 层、Ni 层。研究结果表明,形成的金属包覆层对羰基铁粉的抗氧化性有一定提高,特别是包覆有 Co 层的羰基铁粉,其抗氧化性能显著提高。

实验过程中首先将购买的羰基铁粉在真空炉中 600 ℃ 保温 30 min 后冷却到室温以除去铁粉表面残留的有机物。将处理过后的羰基铁粉在 pH=3 的稀盐酸溶液中去除表面氧化层,并用去离子水冲洗后放入电镀池中,电镀液中各成分含量以及温度等设置如表 7.1-1 所示,在电镀池中将会发生公式 7.1 的反应。硫酸钴中的二价钴离子被还原成单质并在羰基铁表面沉积,其沉积厚度可以由电镀时间控制。

$$Co^{2+}+H_2PO_4^-+3\,OH^-\rightarrow Co+HPO_3^{2-}+2\,H_2O \qquad (7.1)$$

表 7 - 1　电镀液成分及电镀条件表

电镀液及条件	条件
$CoSO_4 \cdot 7H_2O$	20(g/L)
$NaH_2PO_2 \cdot H_2O$	25(g/L)
$Na_3C_6H_5O_7 \cdot 2H_2O$	50(g/L)
NH_4Cl	40(g/L)
电镀液温度	90 ℃
pH 值	9.0

图 7.1 - 1 为镀 Co 前后羰基铁粉的 SEM 和 EDS 能谱,其中图 7.1 - 1(a)为镀 Co 前羰基铁粉的扫描电镜图,从图中可以看出羰基铁粉成薄片状,其中薄片的厚度在微米水平,可以有效预防金属粉末的趋肤效应,并能够增强界面效应。图 7.1 - 1(b)为该粉末的 EDS 能谱,具有明显的 Fe 的特征峰。图 7.1 - 1(c)为经过电镀之后羰基铁粉的扫描电镜图,从局部放大图中可以看出金属 Co 在片状羰基铁表面均匀完全地包覆,形成完整的羰基铁－Co 核壳结构,其中 Co 壳层的厚度在 0.2 μm 左右。图 7.1 - 1(d)为其对应的 EDS 能谱,从中可以看出除了 Fe 和 Co 的特征峰之外还存在少量的 P 的峰值。

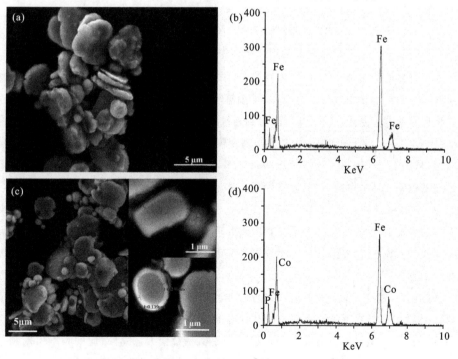

图 7.1 - 1　镀 Co 前后羰基铁粉的 SEM 和 EDS 能谱

(a)未包覆处理羰基铁 SEM 图;(b)未包覆处理羰基铁 EDS 能谱;

(c)羰基铁/Co 核壳结构 SEM 图;(d) 羰基铁/Co 核壳结构 EDS 能谱

将未经处理的羰基铁粉与有 Co 壳层包覆的羰基铁粉分别与有机硅树脂混合制备吸波涂层,测其电磁参数,如图 7.1-2 所示。其中图 7.1-2(a) 为热处理前的介电常数,两种吸波涂层的介电常数虚部在低频下基本相同,随着频率升高羰基铁/Co 核壳结构吸波涂层明显升高,而羰基铁吸波涂层变化较小。并且在整个频率范围内羰基铁/Co 核壳结构的介电常数实部都明显大于羰基铁吸波涂层。这与 Co 壳层包覆后的介面极化和空间电荷极化有关。图 7.1-2(b) 显示进行 Co 包覆后的核壳结构吸波涂层与未进行处理的吸波涂层磁导率基本相同。

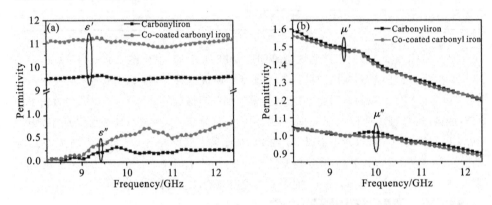

图 7.1-2　未包覆羰基铁与羰基铁/Co 核壳结构吸波涂层电磁参数

(a)介电常数;(b)磁导率

为了研究羰基铁粉表面包覆 Co 壳层结构之后对其抗氧化性能的影响,将两种吸波涂层在 300 ℃保温箱中进行保温 10 h,保温箱与空气连通以模拟高温吸波涂层的工作环境。涂层降温到室温后再次对其电磁参数进行测量,测量结果如图 7.1-3 所示。图 7.1-3(a) 和图 7.1-3(b) 分别表示未包覆羰基铁粉热处理 10 h 后的介电常数和磁导率的变化情况,从图中可以看出其介电常数和磁导率均有明显降低,这是因为高温环境下涂层中的羰基铁粉与环境中的氧气,以及涂层制备过程中残留的氧气发生反应生成铁氧体。图 7.1-3(c) 和图 7.1-3(d) 分别表示羰基铁/Co 核壳结构吸波涂层热处理前后介电常数和磁导率的变化情况,从图中可以看出热处理前后,涂层介电常数的实部稍微降低,其他基本不变。说明 Co 壳层具有良好的热稳定性和抗氧化性,并能够对羰基铁核结构提供良好的保护。

根据电磁波反射率与电磁参数的计算公式,分别计算两种吸波涂层热处理前后的反射率,结果如图 7.1-4 所示,从图中可以看出,与未进行任何处理的羰基铁粉吸波涂层相比,羰基铁/Co 核壳结构吸波涂层的反射率最小值稍微变大,并且对应的频率向低频偏移。但是热处理 10 h 后其反射率明显低于未经处理的羰基铁吸波涂层,说明 Co 核壳结构的存在能够很好地提高羰基铁核结构的热稳定性和抗氧化性能。

在羰基铁表面包覆 Co,Ni 等金属壳层形成羰基铁/(Co，Ni)核壳吸波剂后,其电磁

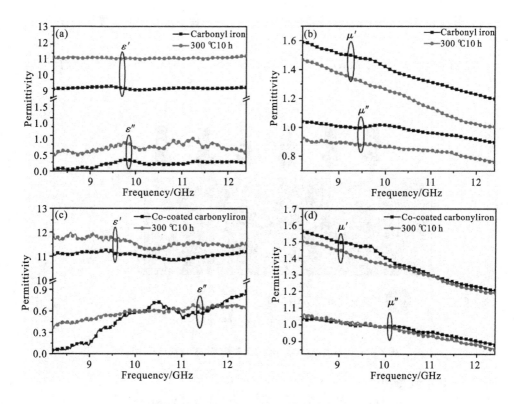

图 7.1-3　未包覆羰基铁与羰基铁/Co 核壳结构吸波涂层热处理前后电磁参数变化

(a)未包覆羰基铁介电常数;(b)未包覆羰基铁磁导率;

(c)羰基铁/Co 核壳结构介电常数;(d) 羰基铁/Co 核壳结构磁导率

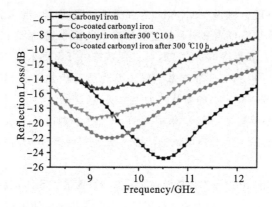

图 7.1-4　未包覆羰基铁与羰基铁/Co 核壳结构吸波涂层热处理前后反射率模拟结果

性能得到明显改善,其基本机理如图 7.1-5 所示:

①羰基铁表面沉积纳米 Co,Ni 等金属壳层后,由于表面效应,界面极化增强;并使得电损耗能力极大增强。

②羰基铁/(Co，Ni)复合粉体增加电磁波在吸波剂传输过程中的波程长，从而增大对电磁波的损耗。

③纳米金属壳层的表面效应会增强多重散射，量子尺寸效应会为电磁波吸收提供新的途径，从而增强吸波性能。

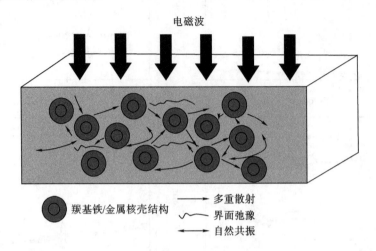

图 7.1-5 羰基铁/(Co，Ni)等金属核壳结构电磁作用机理

7.2 SiO$_2$包覆

SiO$_2$ 具有良好的介电性能和绝热性，并且易于沉积成膜，因此也是制作羰基铁保护壳层的理想材料。有研究者采用溶胶—凝胶法，用正硅酸乙酯(TEOS)作为硅源，在羰基铁粉颗粒表面包覆 SiO$_2$，得到的 SiO$_2$ 层多为绒毛状且较疏松。这是因为 TEOS 不含羟基(−OH)、氨基(−NH$_2$)、羧基(−COOH)等强极性基团，因此，当体系被加热时，TEOS 直接在溶液中水解形成 SiO$_2$ 晶核并逐渐生长形成 SiO$_2$ 沉积物，最终在 CIPs 表面形成绒毛状、疏松的包覆层。如果将单一的 TEOS 硅源替换为 TEOS 和 3−氨丙基三乙氧基硅烷(APTES)双硅源。得到的改性羰基铁粉表面为层岛状分布的 SiO$_2$ 包覆层，且随着 TEOS 比例的增加，SiO$_2$ 包覆层的絮状特征更加明显，这也证实了 TEOS 作为单一硅源制备的 SiO$_2$ 包覆层不够致密。因此，采用 APTES 作为硅源得到的 SiO$_2$ 包覆层要比采用单纯 TEOS 硅源得到的 SiO$_2$ 包覆层致密，而致密的包覆层更容易在高温下隔绝空气与羰基铁粉的接触。

图 7.2-1 为使用 APTES 作为硅源在羰基铁粉表面沉积 SiO$_2$ 前后的 SEM 图以及对应 EDS 能谱，其中图 7.2-1(a)为未进行沉积的羰基铁扫描电镜图，可以看出，主体为片状羰基铁粉，并在其表面有较小颗粒半径的球状羰基铁粉。图 7.2-1(b)为对应的 EDS 能谱，具有明显的 Fe 特征峰，并带有较弱的 C 和 O 的特征峰。图 7.2-1(c)为沉积 SiO$_2$ 之后的羰基铁粉 SEM 图，表面形貌与之前相似。图 7.2-1(d)为其对应的 EDS 能谱，从图中可以看出除了 Fe 的特征峰之外还有 Si 的特征峰存在，说明在羰基铁表面形成了一

定厚度的 SiO_2 薄膜壳层。

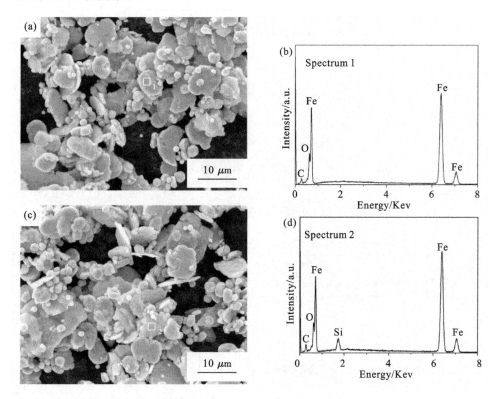

图 7.2 - 1　镀 SiO_2 前后羰基铁粉的 SEM 和 EDS 能谱

(a)未包覆羰基铁 SEM 图；(b)未包覆羰基铁 EDS 能谱；

(c)羰基铁/SiO_2核壳结构 SEM 图；(d) 羰基铁/SiO_2核壳结构 EDS 能谱

　　图 7.2 - 2 为未经包覆的羰基铁粉和羰基铁/SiO_2核壳结构空气中的热重曲线图,从图中可以看出,未经包覆的羰基铁在 300 ℃开始出现上升,并在 600 ℃曲线变平,根据质量比可得到该氧化产物多为四氧化三铁。而羰基铁/SiO_2核壳结构则在 400 ℃才开始出现上升,并且 650 ℃曲线趋于平缓。对比两者的热重曲线可以得出:二氧化硅包覆羰基铁粉明显增重的开始温度要高于原始羰基铁粉。因此,热重分析的结果表明:羰基铁粉表面形成一层二氧化硅包覆层后,可以推迟原始羰基铁粉的开始增重温度点,提高羰基铁的热稳定性。二氧化硅包覆层对羰基铁粉的热稳定性能的影响主要是由于其使得羰基铁粉颗粒与空气隔绝从而造成氧化困难。

　　图 7.2 - 3 为未包覆羰基铁以及羰基铁/SiO_2核壳结构的电磁参数,其中图 7.2 - 3(a)为两种吸波剂的介电常数,从表中可以看出羰基铁/SiO_2的介电实部稍微升高,与未包覆的吸波剂相比,介电虚部基本不变。图 7.2 - 3(b)为两种吸波剂的磁导率,羰基铁/SiO_2的磁导率与未包覆的羰基铁粉相比基本没有变化。

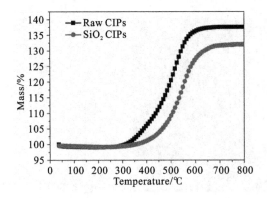

图 7.2 - 2　未包覆羰基铁与羰基铁/SiO₂核壳结构热重曲线

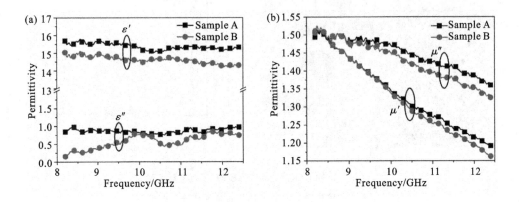

图 7.2 - 3　未包覆羰基铁与羰基铁/SiO₂核壳结构吸波涂层电磁参数
(a)介电常数;(b)磁导率

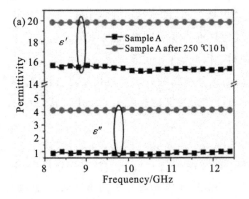
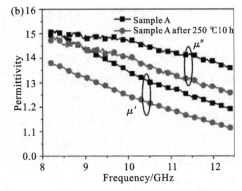

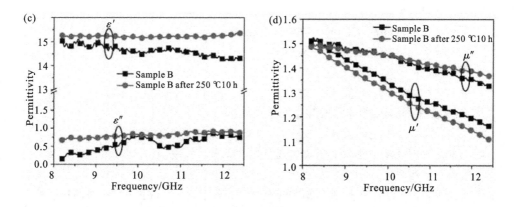

图 7.2－4　未包覆羰基铁与羰基铁/Co 核壳结构吸波涂层热处理前后电磁参数变化
(a)未包覆羰基铁介电常数；(b)未包覆羰基铁磁导率；
(c)羰基铁/SiO₂ 核壳结构介电常数；(d) 羰基铁/ SiO₂ 核壳结构磁导率

图 7.2－4 为两种吸波剂与有机硅树脂混合制备成相同体积分数、相同厚度的吸波涂层,两种吸波涂层都在与空气连通的烘箱中进行 250 ℃热处理 10 h,图 7.2－4(a)和图 7.2－4(b)为未包覆羰基铁吸波涂层热处理前后的电磁参数变化情况,从图中可以看出经过热处理之后涂层的介电性能明显降低,介电常数的实部和虚部都出现明显下降,磁导率的实部和虚部则呈现少量上升。这是因为部分羰基铁与涂层制备过程中残留的 O_2 或空气中扩散进涂层的氧气发生氧化反应生成了铁氧体。图 7.2－4 (c)和图 7.2－4 (d) 则对应于羰基铁/SiO₂ 核壳结构吸波涂层热处理前后的电磁参数变化,从中可以看出热处理之后介电常数的实部出现少量降低,其虚部以及磁导率的实部和虚部则变化较小,表明仅有少量的羰基铁被氧化,结果表明 SiO₂ 壳层结构能够显著降低吸波涂层在使用过程中的氧化,对羰基铁核结构提供良好的保护。

7.3　Fe₃O₄包覆

Fe₃O₄包覆层在高温下能够有效防止空气或者涂层中的氧气与羰基铁核结构发生反应而导致其吸波性能降低。这里主要介绍工业发蓝方法制备的 Fe₃O₄包覆羰基铁粉,工业中的发蓝处理多用于钢材,在机械零件等钢材的表面防护中起重要作用。钢材发蓝技术可分为常温发蓝和高温发蓝两种。

常温发蓝处理指先将钢铁工件表面的机油和铁锈除掉,再在室温下均匀涂覆常温发蓝剂进行发蓝处理。常温发蓝剂里的主要成分为无机酸、无机盐、活化剂和氧化剂组成。原液 pH 值一般为 1～2,加水稀释之后成为工作液。将工件浸入发蓝剂溶液后,其中的氧化剂首先将工件表面的铁氧化成 FeO,FeO 再进一步氧化生成 Fe₃O₄。常温发蓝处理得到的工件表面薄膜不仅仅有 Fe₃O₄,成分较为复杂,较难控制表面生成物,因此人们常常选用传统高温发蓝处理。

传统高温发蓝处理是利用由 NaOH、NaNO₂、NaNO₃等配制而成的碱性发蓝液,在较高温度下加热氧化处理。生成 Na₂FeO₂、Na₂Fe₂O₄并最终形成 Fe₃O₄薄膜。其化学反应过程主要可分为 3 个阶段：

工件在 NaOH 和 NaNO$_2$ 的作用下生成 Na$_2$FeO$_2$

$$3Fe+NaNO_2+5NaOH=3 Na_2FeO_2+H_2O+NH_3\uparrow$$

Na$_2$FeO$_2$ 进一步与溶液中的氧化剂发生反应生成 Na$_2$Fe$_2$O$_4$

$$6 Na_2FeO_2+NaNO_2+5NaOH=3 Na_2Fe_2O_4+7NaOH+NH_3\uparrow$$

Na$_2$FeO$_2$ 与 Na$_2$Fe$_2$O$_4$ 相互作用生成 Fe$_3$O$_4$

$$Na_2Fe_2O_4+Na_2FeO_2+2 H_2O=Fe_3O_4+4NaOH$$

实验操作流程如下：首先将羰基铁粉分散在无水乙醇中，通过将溶液超声震荡来减少或者避免羰基铁粉颗粒团聚；然后将去离子水和发蓝剂混合，并将搅拌均匀后的发蓝液滴加至羰基铁粉混合液中，在恒温 50℃ 的水浴条件下搅拌并放置固定的时间进行发蓝过程；反应结束后，将体系静置，倒掉上层透明溶液，再用无水乙醇清洗，并将清洗完成的固体在干燥箱中烘干，之后过筛得到发蓝处理后的羰基铁粉。其整体试验流程如图 7.3－1 所示：

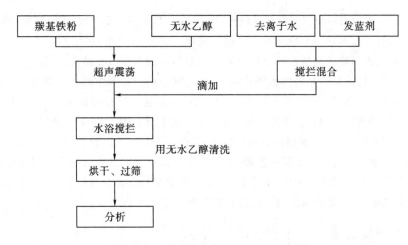

图 7.3－1　羰基铁粉发蓝处理实验流程图

图 7.3－2 是未经过任何处理和和发蓝处理 30 min、60 min、90 min 的 Fe$_3$O$_4$ 包覆羰基铁粉扫描电镜照片。其中图 7.3－2(a) 为原始羰基铁粉的扫描电镜照片，从图中可以看出原始的羰基铁粉颗粒呈球状，粉粒径为 2～5 μm，且表面光滑。图 7.3－2 (b)、(c) 和 (d) 分别表示不同发蓝处理反应时间（30 min、60 min、90 min）的 Fe$_3$O$_4$ 包覆羰基铁粉扫描电镜照片，从图中可以看出随着反应时间的增加，羰基铁粉尺寸虽然没有明显变化，但是表面越来越粗糙，在羰基铁粉的表面增加了许多小颗粒，并且发蓝处理时间越长，小颗粒的数目越多，当反应时间为 90 min 时，原始羰基铁粉表面大部分都被小颗粒包覆。

图中的羰基铁粉颗粒没有被完全覆盖，但是从覆盖面积与发蓝处理的时间关系可知，随着发蓝时间的增加，覆盖颗粒的面积会逐渐增加并最终全部覆盖。此外还可以通过提高发蓝处理的温度以及发蓝液的浓度等条件来改善发蓝的效率，使得更多的 Fe$_3$O$_4$ 小颗粒包覆在球状羰基铁粉表面，使球状羰基铁粉更好地与空气隔绝，从而提高原始羰基铁粉的抗氧化性能。但是试验结果同时也表明过多的 Fe_3O_4 却会降低羰基铁粉的磁导率虚部,从而降低羰基铁粉的磁损耗,导致发蓝处理羰基铁粉的吸波性能减低,因此还需要进一步研究,以期得到兼具较好抗氧化性能和较强吸波性能的高温吸波材料。

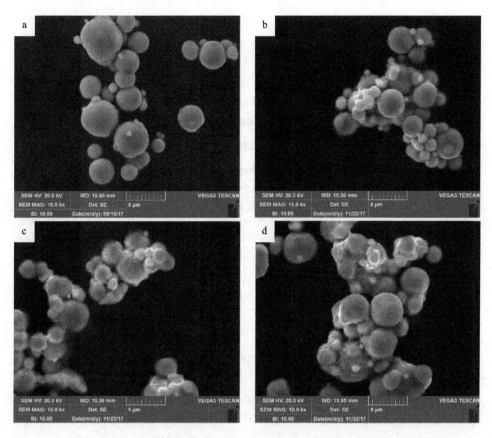

图 7.3 - 2　原始以及不同时长发蓝处理羰基铁粉扫描电镜照片
(a)原始羰基铁粉;(b)发蓝处理 30 min;(c)发蓝处理 60 min;(d)发蓝处理 90 min

图 7.3 - 3 为原始羰基铁粉和发蓝处理 30 min、60 min、90 min 的 Fe_3O_4 包覆羰基铁粉的 XRD 图谱,其中曲线(a)为原始羰基铁粉的 XRD 图谱,从图中可以看出在 44.675°、65.026°和 82.339°处分别出现晶面指数为(110)、(200)以及(211)的 α - Fe 衍射峰。曲线(b)为经过发蓝处理 30 min 后的羰基铁粉 XRD 图谱,α - Fe 衍射峰并没有出现明显变化,也没有新的特征峰出现,说明 Fe_3O_4 含量较低,包覆效果较差。曲线(c)为发蓝处理 60 min 的 Fe_3O_4 包覆羰基铁粉,从图中可以看出,当羰基铁粉发蓝处理时间为 60 min 时,在 18.286°、30.048°、35.393°、43.012°、53.495°、56.879°、62.457°处分别出现了晶面指数为(111)、(220)、(311)、(400)、(422)、(511)、(440)的 Fe_3O_4 衍射峰,说明发蓝处理 60 min 的羰基铁粉表面有明显的 Fe_3O_4 晶体生成。曲线(d)为发蓝处理 90 min 得到的 Fe_3O_4 包覆羰基铁粉,当羰基铁粉发蓝处理反应时间为 90 min 时,在 73.883°处出现晶面指

数为(533)的 Fe₃O₄ 衍射峰,且在 30.048°、35.393°、43.012°、53.495°、56.879°、62.622°处的(220)、(311)、(400)、(422)、(511)、(440)Fe₃O₄ 晶面衍射峰强度较发蓝处理 60 min 有显著提高,因此发蓝处理 90 min 后羰基铁粉表面包覆 Fe₃O₄ 含量较高,包覆效果更好。

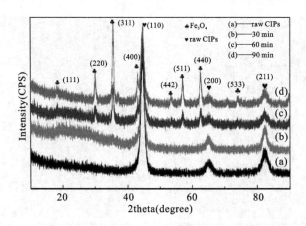

图 7.3 – 3　原始羰基铁粉和发蓝处理 30、60、90 min 的 Fe₃O₄ 包覆羰基铁粉的 XRD 图谱

　　图 7.3 – 4 为上述羰基铁粉式样的热重分析图,从图中可以研究 Fe₃O₄ 包覆对羰基铁粉抗氧化性能的影响,热重分析的气氛为空气,温度范围为室温到 800℃。从图中可以看出未经任何处理的羰基铁粉在 250℃ 开始氧化增重,550℃ 后重量不再增加,说明已经氧化完全,最终氧化增重 40.34%。发蓝处理 30 min、60 min、90 min 羰基铁粉起始氧化增重温度相对原始羰基铁粉较高,约为 300℃,并且在 670℃ 时才完全氧化,最终氧化增重分别为 38.77%、36.16%、36.09%。发蓝处理 60 min 与 90 min 的热重曲线基本重合,这说明在发蓝处理过程中,当处理时间达到 60 min 之后,羰基铁粉表面生成 Fe₃O₄ 的反应速率已经非常慢,羰基铁粉表面 Fe₃O₄ 的覆盖率接近极限,因此不能够单纯依靠增加处理时间提高 Fe₃O₄ 的包覆率,而需要在发蓝处理的工艺如温度、发蓝液浓度上进行改善。

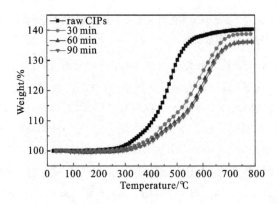

图 7.3 – 4　原始羰基铁粉和发蓝处理 30、60、90 min 的 Fe₃O₄ 包覆羰基铁粉热重分析曲线

　　图 7.3 – 5 为 4 种羰基铁粉的电磁参数随频率变化曲线,其中图 7.3 – 5(a)为 4 种羰基铁粉的介电常数实部 ε′,从图中可以看出随着发蓝处理时间的增加,羰基铁粉的介电

实部下降,当发蓝时间超过 30 min 时,介电实部明显降低。这是由于发蓝处理后羰基铁粉表面形成了 Fe_3O_4 颗粒包覆,Fe_3O_4 的静态介电常数值低于原始羰基铁粉。图 7.3-5 (b) 为 4 种羰基铁粉的介电常数虚部随频率的变化曲线,发蓝处理 30 min 时,羰基铁粉表面生成少量 Fe_3O_4,Fe_3O_4 中的 Fe^{2+} 与 Fe^{3+} 是无序排列的,电子可在氧化亚铁和氧化铁两种氧化状态间发生快速转移,所以少量 Fe_3O_4 在原始羰基铁粉表面导电性很强,从而提高了原始羰基铁粉的电导率。因此,在 8.2～10.9 GHz 范围内,依据自由电子理论可知,羰基铁粉表面的少量 Fe_3O_4 可以增加原始羰基铁粉的电导率,使得其 ε'' 提高。随着发蓝处理反应时间的增加,Fe_3O_4 含量也随之增加,相同质量分数下,复合吸波材料中羰基铁粉的质量分数逐渐下降,电导率较差的 Fe_3O_4 质量分数升高,所以发蓝处理 60 min 羰基铁粉的 ε'' 低于原始羰基铁粉和发蓝处理 30 min 羰基铁粉的 ε'',发蓝处理 90 min 羰基铁粉的 ε'' 值最低。

图 7.3-5(c) 为 4 种羰基铁粉的磁导率实部 μ' 随频率变化曲线,发蓝处理 30 min、60 min、90 min 的 μ' 峰值移动至 9.5 GHz,之后变化与原始羰基铁粉基本相同,均随频率增加而下降,整体而言原始羰基铁粉与发蓝处理羰基铁粉的 μ' 值变化不大。图 7.3-5(d) 为 4 种羰基铁粉的磁导虚部 μ'' 随频率的变化曲线,从图中可以看出随着发蓝处理反应时间的增加,Fe_3O_4 含量增加,复合吸波材料的 μ'' 跟着降低,这是因为 Fe_3O_4 磁损耗性能低于羰基铁粉,随着发蓝处理反应时间的增加,Fe_3O_4 的含量增加。

图 7.3-6 为根据上述 4 种羰基铁粉的电磁参数计算出的电磁波反射率,对应模拟的吸波涂层厚度分别为 2.0 mm、1.9 mm 以及 1.8 mm。其中图 7.3-6(a) 为计算所得原始羰基铁粉不同厚度下的电磁波反射率,当吸波材料涂层厚度由 2.0 mm 减少至 1.8 mm 时,在 X 波段范围内其最大吸收峰分别出现在 10.17 GHz、10.66 GHz、11.54 GHz,吸收峰强度分别为 -15.74 dB、-17.20 dB、-19.36 dB。图 7.3-6(b)、(c)、(d) 分别表示发蓝处理 30 min、60 min、90 min 的羰基铁粉不同厚度吸波涂层电磁波反射率,通过反射损耗曲线可以发现随着发蓝处理时间增加,反射损耗强度减小,吸收峰均向高频移动,吸波频带范围缩小。这是由于磁导率虚部的降低,导致发蓝处理 Fe_3O_4 包覆羰基铁粉比原始羰基铁粉的磁损耗减小。

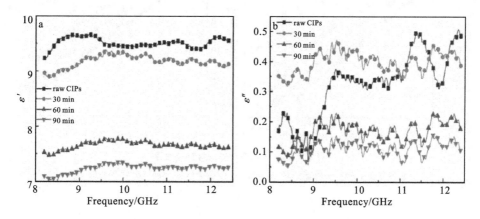

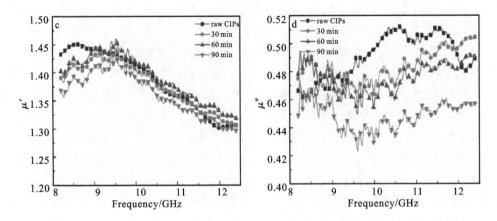

图 7.3 - 5　原始羰基铁粉和发蓝处理 30、60、90 min 的 Fe_3O_4 包覆羰基铁粉电磁参数

(a)介电常数实部；(b)介电常数虚部；(c)磁导率实部；(d)磁导率虚部

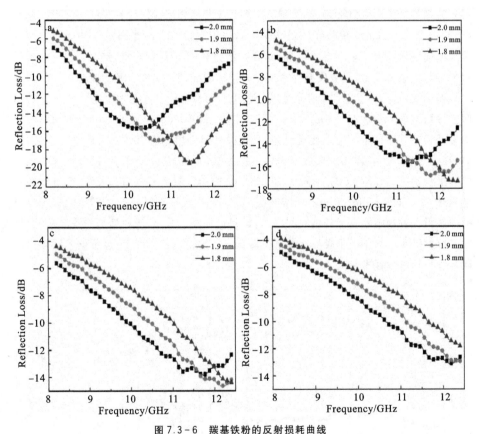

图 7.3 - 6　羰基铁粉的反射损耗曲线

(a)原始羰基铁粉；(b)发蓝处理 30 min；(c)发蓝处理 60 min；(d)发蓝处理 90 min

7.4　SiO₂＋Fe₃O₄包覆

$7.4\quad SiO_2＋Fe_3O_4$包覆

当仅仅采用发蓝工艺对羰基铁粉表面进行 Fe_3O_4 包覆时,处理后的羰基铁粉磁导率虚部降低,使得吸波性能下降。因此需要联合其他方法进一步改善其抗氧化性和吸波性能。可以考虑采用 $SiO_2＋Fe_3O_4$ 包覆的方法改善其性能,在本方法中首先采用高能球磨的方法将球状羰基铁粉球磨为片状,以提高羰基铁粉磁导率虚部,再进行抗氧化表面改性处理。通过高能球磨和发蓝处理,不仅能提高羰基铁粉的磁导率虚部,还增大了其复介电常数。但是复介电常数的增大不利于阻抗匹配,因此还需要对高能球磨后的片状羰基铁粉进行 SiO_2 包覆处理,降低其介电常数。

图 7.4-1 为片状羰基铁粉、Fe_3O_4 包覆片状羰基铁粉以及 $SiO_2＋Fe_3O_4$ 包覆片状羰基铁粉的扫描电镜照片,其中图 7.4-1(a)为片状羰基铁粉的扫描电镜照片,该片状羰基铁粉为经过高能球磨方法处理后得到,羰基铁粉与氧化锆球之间碰撞、摩擦并发生塑性变形,形状由初始的球状变为片状且表面光滑,其平均直径为 $5～10~\mu m$,厚度小于 $1~\mu m$。

图 7.4-1　羰基铁粉扫描电镜照片

(a)片状羰基铁粉;(b)Fe₃O₄包覆片状羰基铁粉;(c)SiO₂＋Fe₃O₄包覆片状羰基铁粉

图 7.4-1(b)经过发蓝处理后表面 Fe_3O_4 包覆的片状羰基铁粉扫描电镜照片,表面粗糙且有片状的 Fe_3O_4 小颗粒均匀分布在表面。图 7.4-1(c)为 $SiO_2+Fe_3O_4$ 包覆的片状羰基铁粉扫描电镜照片,与 Fe_3O_4 包覆的片状羰基铁粉相比,$SiO_2+Fe_3O_4$ 包覆片状羰基铁粉表面除片状小颗粒之外还覆盖着绒毛状物质。

图 7.4-2 为 $SiO_2+Fe_3O_4$ 包覆片状羰基铁粉的能谱图。由能谱图可以发现 $SiO_2+Fe_3O_4$ 包覆片状羰基铁粉中明显有 Si、O 元素峰出现。$SiO_2+Fe_3O_4$ 包覆片状羰基铁粉表面改性不仅要求羰基铁粉表面有 Si 元素出现,而且要求 Si 元素均匀包覆在发蓝处理片状羰基铁粉表面。发蓝处理之后在片状羰基铁粉表面会生成很多 Fe_3O_4 小颗粒,TEOS 水解产生的 SiO_2 胶粒会沉积在这些小颗粒表面并与其发生物理缠绕作用,形成均匀包覆在 Fe_3O_4 包覆片状羰基铁粉表面的 SiO_2 镀层。在 SiO_2 镀层和发蓝处理得到的 Fe_3O_4 镀层双重包覆下,两种包覆层相互补充、相互连接,进一步隔绝了空气与羰基铁粉的接触,提高其抗氧化性能。SiO_2 镀层也可以降低发蓝处理 Fe_3O_4 包覆片状羰基铁粉的介电常数,从而增加其阻抗匹配,进而提高吸波性能,因此 Fe_3O_4 包覆片状羰基铁粉对 SiO_2 镀层的表面沉积有十分重要的作用。

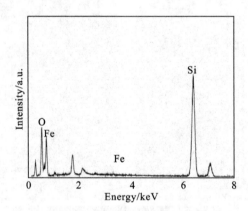

图 7.4-2　SiO_2 包覆发蓝片状羰基铁粉能谱图

图 7.4-3 为热重分析图,图中的测试样品分别为原始羰基铁粉,球磨后的片状羰基铁粉,Fe_3O_4 包覆片状羰基铁粉以及 $SiO_2+Fe_3O_4$ 包覆片状羰基铁粉。对比原始羰基铁粉与经过球磨得到的片状羰基铁粉热重分析曲线,可以发现在室温至 400℃时,原始羰基铁粉与片状羰基铁粉增重一致,但在 400~550℃时,片状羰基铁粉的增重速率明显大于原始羰基铁粉,在 550~800℃时,原始羰基铁粉和片状羰基铁粉增重趋于稳定,不再随着温度的升高而增加,表明已经氧化完全。这是因为高能球磨使片状羰基铁粉表面的活化能高于原始羰基铁粉,而且增大了其与氧气接触面积,导致了片状羰基铁粉的抗氧化性能略差于原始羰基铁粉。

从发蓝处理得到的 Fe_3O_4 包覆片状羰基铁粉的热重曲线可知,由于片状羰基铁粉表面包覆有 Fe_3O_4 氧化层,在 300℃才开始出现明显增重,最终在 600℃趋于平稳,并且最终增重比例明显降低。这说明 Fe_3O_4 包覆层能够有效地隔绝氧气与羰基铁粉的接触,提高了原始羰基铁粉的热稳定性。通过 $SiO_2+Fe_3O_4$ 包覆片状羰基铁粉的热重曲线可以看出,在 Fe_3O_4 包覆层和 TEOS 水解反应得到的 SiO_2 包覆层的双重包覆下,片状羰基铁粉的抗氧化性能得到了进一步提高。

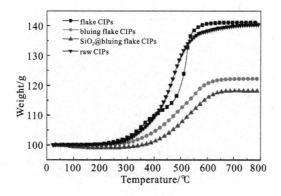

图 7.4 - 3　原始羰基铁粉、片状羰基铁粉、Fe_3O_4 包覆片状羰基铁粉和 SiO_2 + Fe_3O_4 包覆片状羰基铁粉的热重分析曲线

图 7.4 - 4 为上述几种羰基铁粉的电磁参数随频率变化曲线,其中图 7.4 - 4(a) 为介电常数实部 ε',7.4 - 4(b) 为介电常数的虚部 ε''。从图中可以看出经过球磨处理之后的片状羰基铁粉介电常数较原始羰基铁粉有所下降,这是由于球磨处理之后的样品具有更好的分散性,基体中颗粒与颗粒之间的相互作用减弱,导致介电常数减小,较小的介电常数有利于阻抗匹配。Fe_3O_4 包覆片状羰基铁粉的 ε' 和 ε'' 均比片状羰基铁粉高,这与羰基铁粉表面生成的 Fe_3O_4 中的 Fe^{2+} 与 Fe^{3+} 中电子转移有关,此外在发蓝处理过程中片状羰基铁粉表面积增大,界面极化增强,分散的片状羰基铁粉颗粒之间形成导电网络,从而提高了发蓝处理片状羰基铁粉的电导率。但是过高的介电常数值会导致阻抗不匹配,使电磁波难以入射进吸波材料中,因此接下来在 Fe_3O_4 包覆羰基铁粉表面进行包覆 SiO_2 镀层,一方面可以减少 Fe_3O_4 包覆片状羰基铁粉的介电常数从而增加其阻抗匹配,提高吸波性能;另一方面也可以进一步提升片状羰基铁粉的抗氧化性能。从图 7.4 - 4(a) 和 (b) 中可以看出,当进行了 SiO_2 包覆之后,其介电常数的实部与虚部均出现了不同程度的降低。

图 7.4 - 4(c) 中为几种羰基铁粉的磁导率实部随频率变化曲线,图 7.4 - 4(d) 为对应的磁导率虚部。从图中可以看出进行球磨处理后羰基铁粉逐渐变为片状,改变了羰基铁粉的形状各向异性,使得其磁导率虚部明显增大。在片状羰基铁粉表面被 Fe_3O_4 包覆以后,由于 Fe_3O_4 的磁导率远低于羰基铁粉,导致其磁导率明显下降。而在其表面再次进行 SiO_2 包覆时,磁导率实部出现一定程度的升高,而磁导率虚部保持不变,这可能因为在 SiO_2 包覆过程中,不断对羰基铁粉搅拌,导致羰基铁粉表面的 Fe_3O_4 部分脱落。

根据上述羰基铁粉的电磁参数,通过模拟方法可以计算出不同吸波剂制备的不同厚度吸波涂层的电磁波反射率,其结果如图 7.4 - 5 所示。从图中可以得出经过球磨处理后的片状羰基铁粉吸波性能明显优于原始羰基铁粉,但因为其耐高温氧化性能较差而限制了其使用。当对片状羰基铁粉进行 Fe_3O_4 包覆后,其吸收峰向低频移动,但由于 Fe_3O_4 的介电常数较高,阻抗匹配较差导致了其吸波性能明显下降。进行 SiO_2 包覆后由于介电常数降低,有效提高了吸波涂层的阻抗匹配,吸波性能也得到了提高。与原始羰基铁粉相比,$SiO_2 + Fe_3O_4$ 包覆的片状羰基铁粉吸波强度更高,吸波频带也基本相当。因为其具有更好的抗高温氧化性能,所以能够在高温吸波涂层中进行应用。

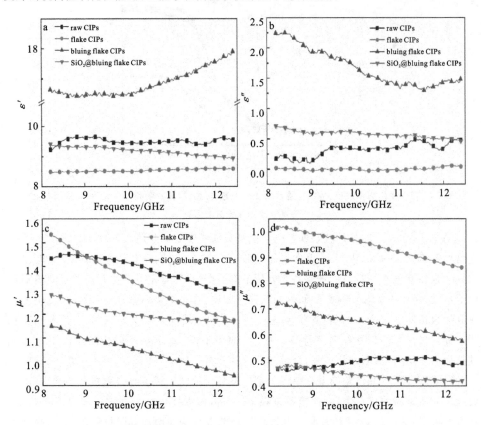

图 7.4-4　原始羰基铁粉、片状羰基铁粉、Fe_3O_4 包覆片状羰基铁粉及 $SiO_2 + Fe_3O_4$
包覆片状羰基铁粉的介电常数

(a)介电常数实部;(b)介电常数虚部;(c)磁导率实部;(d)磁导率虚部

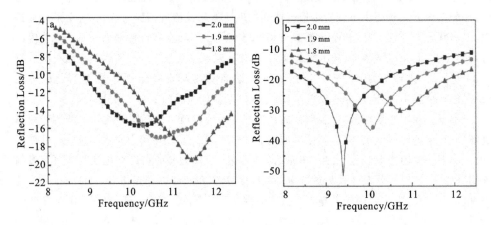

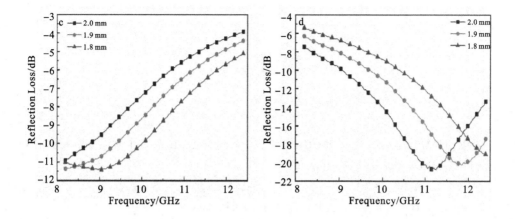

图 7.4-5　电磁波反射损耗曲线

(a)原始羰基铁粉;(b)片状羰基铁粉;(c)Fe₃O₄包覆片状铁粉;(d)SiO₂+Fe₃O₄包覆片状羰基铁粉

参考文献

[1] K. H. J. Bushow, F. R. De Boer. Physics of Magnetism and Magnetic Materials [M]. New York: Springer, 2003.

[2] 张世远, 路权, 薛荣华, 等. 磁性材料基础[M]. 北京: 科学出版社, 1988.

[3] 周世勋. 量子力学[M]. 上海: 上海科技出版社, 2008.

[4] Mattis D C. The Theory of Magnetism[M]. Berlin: Springer, 1981.

[5] 张联盟, 黄学辉, 宋晓岚. 材料科学基础(第二版)[M]. 武汉: 武汉理工大学出版社, 2017.

[6] 胡传炘. 隐身涂层技术[M]. 北京: 化学工业出版社, 2004.

[7] 张敏, 张雨. 隐身材料测试技术[M]. 北京: 化学工业出版社, 2013.

[8] 桑建华. 飞行器隐身技术[M]. 北京: 航空工业出版社, 2013.

[9] 邢丽英. 隐身材料[M]. 北京: 化学工业出版社, 2004.

[10] 余雄庆, 杨景佐. 飞行器隐身设计基础[M]. 南京: 南京航空学院出版社, 1992.

[11] 刘菊艳, 徐文. 隐身和生存能力[J]. 飞航导弹. 1997, 2: 6-10.

[12] 李宁, 高继朝, 王兆雷. F/A-22A 战斗机隐形技术的应用[J]. 四川兵工学报. 2010, 2: 42-44.

[13] 王海. 雷达吸波材料的研究现状和发展方向[J]. 上海航天. 1999, 1: 55-59.

[14] 王淑芬, 徐文. 雷达隐身[J]. 飞航导弹. 1997, 9: 58-61.

[15] 邓惠勇, 官建国, 高国华. 雷达用隐身吸波材料研究进展[J]. 化工新型材料. 2003, 31(3): 2-6.

[16] 周万城, 王婕, 罗发, 等. 高温吸波材料研究面临的问题[J]. 中国材料进展. 2013, 32(8): 453-462.

[17] D. S. Mathew, R. S. Juang. An Overview of the Structure and Magnetism of Spinel Ferrite Nanoparticles and their Synthesis in Microemmulsions[J]. Chem. Eng. J. 2007, 129: 51-65.

[18] J L Gunjakar, A M More, K V Gurav, et al. Chemical Synthesis of Spinel Nickel Ferrite(NiFe2O4) Nano-sheets[J]. Appl Surf Sci. 2008, 254: 5844-5848.

[19] M R Meshram, N K Agrawal, B Sinha, et al. Characterization of M-type Barium Hexagonal Ferrite-based Wide Band Microwave Absorber[J]. J. Magn. Magn. Mater. 2004, 271: 207-214.

[20] G Z Shen, Z Xu, Y Li. Absorbing Properties and Structural Design of Microwave

Absorbers Based on W-Type La-doped Ferrite and Carbon Fiber Composites[J]. J Magn Magn Mater. 2006, 301: 325 – 330.

[21] 周克省, 卢玉娥, 尹荔松, 等. W 型铁氧体 Ba(MnCu)$_x$Co$_{2-2x}$Fe$_{16}$O$_{27}$ 的微波吸收性能[J]. 材料导报. 2011, 25(6): 66 – 69.

[22] 宫剑, 徐光亮, 余洪滔, 等. W 型六角晶系铁氧体和钛酸钡共混制备吸波材料[J]. 人工晶体学报. 2012, 41(4): 1119 – 1124.

[23] D M Hemeda, A Tawfik, O M Hemeda, et al. Effects of NiO Addition on the Structure and Electric Properties of Dy$_{3-x}$Ni$_x$Fe$_5$O$_{12}$ Garnet Ferrite[J]. Solid State Sci. 2009, 11: 1350 – 1357.

[24] H T Xu, H Yang, W Xu, et al. Magnetic Properties of Ce, Gd-Substituted Yttrium Iron Garnet Ferrite Powders Fabricated Using a Sol-Gel Method[J]. J. Mater. Process. Technol. 2008, 197: 296 – 300.

[25] J X Qiu, M Y Gu. Magnetic Nanocomposite Thin Films of BaFe$_{12}$O$_{19}$ and TiO$_2$ Prepared By Sol-Gel Method[J]. Appl. Surf. Sci. 2005, 252: 888 – 892.

[26] 高海涛, 王建江, 赵志宁, 等. 铁氧体吸波材料吸波性能影响因素研究进展[J]. 磁性材料及器件. 2014, 45: 68 – 73.

[27] 王岩. M 型钡铁氧体的制备及其吸波性能表征[J]. 哈尔滨商业大学学报. 2007, 23(4): 435 – 437.

[28] 汪滨, 李从举. 单相钡铁氧体磁性材料的制备及磁性能研究[J]. 材料导报. 2012, 25(12): 107 – 114.

[29] G Mendoza-Suárez, M C Cisneros-Morales, M M Cisneros-Guerrero, et al. Influence of Stoichiometry and Heat Treatment Conditions on the Magnetic Properties and Phase Constitution of Ba-Ferrite Powders Prepared by Sol-Gel[J]. Mater. Chem. Phys. 2002, 77: 796 – 801.

[30] U Topal, H Ozkan, L Dorosinskii. Finding Optimal Fe/Ba Ratio to Obtain Single Phase BaFe$_{12}$O$_{19}$ Prepared by Ammonium Nitrate Melt Technique[J]. J. Alloys Compd. 2007, 428: 17 – 21.

[31] Y. B. Feng, T. Qiu, C. Y. Shen. Absorbing Properties and Structural Design of Microwave Absorbers Based On Carbonyl Iron and Barium Ferrite[J]. J. Magn. Magn. Mater. 2007, 3181: 8 – 13.

[30] 龚彩荣, 薛刚, 范国樑, 等. BaFe$_{12}$O$_{19}$ 纳米粉体的制备与表征[J]. 化学工业与工程. 2007, 23(4): 299 – 303.

[31] 顾健, 武高辉, 赵骁. 高阻尼空心微珠/环氧复合材料的制备及性能研究[J]. 功能材料. 2007, 38(5): 764 – 766.

[32] G H Mu, X F Pan, H G Shen, et al. Preparation and Magnetic Properties of Composite Powders of Hollow Microspheres Coated With Barium Ferrite[J]. Mater. Sci. Eng., A. 2007, 445 – 446: 563 – 566.

[33] S H Hosseini, S H Mohseni, A Asadnia, et al. Synthesis and Microwave Absorbing Properties of Polyaniline/MnFe$_2$O$_4$ Nanocomposite[J]. J. Alloys Compd. 2011, 509: 4682 - 4687.

[34] Y Z Fan, H B Yang, X Z Liu, et al. Preparation and Study on Radar Absorbing Materials of Nickel-coated Carbon Fiber and Flake Graphite[J]. J. Alloys Compd. 2008, 461: 490 - 494.

[35] G Viau, F Ravel, O Acher, et al. Preparation and Microwave Characterization of Spherical and Monodisperse Co$_{20}$Ni$_{80}$ Particles[J]. J. Appl. Phys. 1994, 76(10): 6570 - 6571.

[36] G Viau, F Ravel, O Acher, et al. Preparation and Microwave Characterization of Spherical and Monodisperse Co-Ni Particles[J]. J. Magn. Magn. Mater. 1995, 140 - 141(1): 377 - 378.

[37] 刘祥萱，陈鑫，王煊军，等. 磁性吸波材料的研究进展[J]. 表面技术. 2013, 42 (4): 104 - 109.

[38] M A Abshinova, A V Lopatin, N E Kazantseva, et al. Correlation Between the Microstructure and the Electromagnetic Properties of Carbonyl Iron Filled Polymer Composites[J]. Composites Part A. 2007, 38: 2471 - 2485.

[39] J H He, W Wang, J G Guan. Internal Strain Dependence of Complex Permeability of Ball Milled Carbonyl Iron Powders in 2 - 18 GHz[J]. J. Appl. Phys. 2012, 111: 093924.

[40] R Han, L Qiao, T Wang, et al. Microwave Complex Permeability of Planar Anisotropy Carbonyl-iron Particles[J]. J. Alloys Compd. 2011, 509: 2734 - 2737.

[41] Y Xu, J H Luo, W Yao, et al. Preparation of Reduced Graphene Oxide/Flake Carbonyl Iron Powders/Polyaniline Composites and their Enhanced Microwave Absorption Properties[J]. J. Alloys Compd. 2015, 636: 310 - 316.

[42] R Walser, W Win, P Valanju. Shape-optimized Ferromagnetic Particles with Maximum Theoretical Microwave Susceptibility[J]. Trans on Magn. 1998, 34: 1390 - 1392.

[43] R Walser, W Kang. Fabrication and Properties of Microforged Ferromagnetic Nanoflakes . Trans on Magn[J]. 1998, 34: 1144 - 1146.

[44] Y B Feng, T Qiu, X Y Li, et al. Microwave Absorption Properties of the Carbonyl Iron/EPDM Radar Absorbing Materials[J]. J. Wuhan University Technol. Mater. Sci. Educ. 2007, 6: 266 - 270.

[45] Y B Feng, T Qiu, C Y Shen, et al. Electromagnetic and Absorption Properties of Carbonyl Iron/Rubber Radar Absorbing Materials[J]. Trans on Magn. 2006, 42: 363 - 368.

[46] Y C Qing, W C Zhou, F Luo, et al. Microwave-Absorbing and Mechanical Prop-

erties of Carbonyl-Iron/Epoxy Silicone Resin Coatings[J]. J. Magn. Magn. Mater. 2009, 321: 25 - 28.

[47] M Wang, Y P Duan, S H Liu, et al. Absorption Properties of Carbonyl-Iron/Carbon Black Double-Layer Microwave Absorbers[J]. J. Magn. Magn. Mater. 2009, 321: 3442 - 3446.

[48] G X Tong, W H Wu, Q Hua, et al. Enhanced Electromagnetic Characteristics of Carbon Nanotubes/Carbonyl Iron Powders Complex Absorbers in 2 - 18 GHz Ranges[J]. J. Alloys Compd. 2011, 509: 451 - 456.

[49] Y C Qing, W C Zhou, F Luo, et al. Epoxy-silicone Filled with Multi-walled Carbon Nanotubes and Carbonyl Iron Particles as a Microwave Absorber[J]. Carbon. 2010, 48: 4074 - 4080.

[50] Y J Tan, J H Tang, A M Deng, et al. Magnetic Properties and Microwave Absorption Properties of Chlorosulfonated Polyethylene Matrices Containing Graphite and Carbonyl-iron Powder[J]. Journal of Magnetism and Magnetic Materials. 2013, 326: 41 - 44.

[51] R G Yang. Electromagnetic Properties and Microwave Absorption Properties of $BaTiO_3$-Carbonyl Iron Composite in S and C Bands[J]. J. Magn. Magn. Mater. 2011, 323: 1805 - 1810.

[52] C Zhou, Q Q Fang, F L Yan, et al. Enhanced Microwave Absorption in ZnO/Carbonyl Iron Nano-composites by Coating Dielectric Material[J]. J. Magn. Magn. Mater. 2012, 324: 1720 - 1725.

[53] Z Ma, Y Zhang, C T Cao, et al. Attractive Microwave Absorption and the Impedance Match Effect in Zinc Oxide and Carbonyl Iron Compos[J]. Physica B. 2011, 406: 4620 - 4624.

[54] Y L Cheng, J M Dai, D J Wu, et al. Electromagnetic and Microwave Absorption Properties of Carbonyl Iron/$La_{0.6}Sr_{0.4}MnO_3$ Composites[J]. J. Magn. Magn. Mater. 2010, 322: 97 - 101.

[55] M J Qiao, C R Zhang, H Y Jia. Synthesis and Absorbing Mechanism of Two-layer Microwave Absorbers Containing Flocs-like Nano-$BaZn_{1.5}Co_{0.5}Fe_{16}O_{27}$ and Carbonyl Iron[J]. Mater. Chem. Phys. 2012, 135: 604 - 609.

[56] L G Yan, J B Wang, Y Z Ye, et al. Broadband and Thin Microwave Absorber of Nickel-zinc Ferrite/Carbonyl Iron Composite[J]. J. Alloys Compd. 2009, 487: 708 - 711.

[57] Q C Liu, Z F Zi, M Zhang, et al. Enhanced Microwave Absorption Properties of Carbonyl Iron/Fe_3O_4 Composites Synthesized by a Simple Hydrothermal Method [J]. J. Alloys Compd. 2013, 561: 65 - 70.

[58] 吴荣桂. 片状吸波剂的制备与改性研究[D]. 湖南: 国防科学技术大学硕士学位论

文. 2011.

[59] S Jia, F Luo, Y C Qing, et al. Electroless Plating Preparation and Microwave Electromagnetic Properties of Ni-coated Carbonyl Iron Particle/Epoxy Coatings[J]. Physica B: Condens. Matter. 2010, 405: 3611 – 3615.

[60] H Y Wang, D M Zhu, W C Zhou, et al. Enhanced Microwave Absorbing Properties and Heat Resistance of Carbonyl Iron By Electroless Plating Co. J. Magn. Magn. Mater[J]. 2015, 393: 445 – 451.

[61] Y C Qing, W C Zhou, S Jia, et al. Microwave Electromagnetic Property of SiO$_2$-coated Carbonyl Iron Particles with Higher Oxidation Resistance[J]. Physica B: Condens. Matter. 2011, 406: 777 – 780.

[62] X M Ni, Z Zheng, X Hu, et al. Silica-coated Iron Nanocubes: Preparation, Characterization and Application in Microwave Absorption. J. Colloid Interface Sci[J]. 2010, 341: 18 – 22.

[63] X M Ni, Z Zheng, X K Xiao, et al. Silica-coated Iron Nanoparticles: Shape-controlled Synthesis, Magnetism and Microwave Absorption Properties[J]. Mater. Chem. Phys. 2010, 120: 206 – 212.

[64] R Han, X H Han, L Qiao, et al. Enhanced Microwave Absorption of Zno-coated Planar Anisotropy Carbonyl-iron Particles in Quasimicrowave Frequency Band[J]. Mater. Chem. Phys. 2011, 128: 317 – 322.

[65] 王维, 官建国, 王琦. 球磨时间对制备 Fe-ZnO 核壳纳米复合粒子的结构和性能的影响[J]. 无机材料学报. 2005, 20(3): 599 – 607.

[66] 董德明, 官建国, 王维, 等. 环氧树脂修饰微米片状 Fe 粉的制备与电磁性能[J]. 金属学报. 2009, 45(9): 1141 – 1145.

[67] 王光华, 孔金丞, 李雄军, 等. 羰基铁粉表面改性及其热稳定性研究[J]. 中国粉体技术. 2011, 17(2): 5 – 8.

[68] M A Abshinova, N E Kazantseva, P Sáha, et al. The Enhancement of the Oxidation Resistance of Carbonyl Iron by Polyaniline Coating and Consequent Changes in Electromagnetic Properties[J]. Polym. Degrad. Stab. 2008, 93: 1826 – 1831.

[69] 张晓宁. Fe-Ni 软磁合金吸波材料的设计与制备[D]. 北京: 北京工业大学硕士学位论文. 2003.

[70] 余洪斌, 赵振声. 一种多晶铁纤维的表面改性方法[J]. 表面技术. 2002, 31(1): 45 – 48.

[71] Y Nie, H H He, Z S Zhao, et al. Surface Modification and Microwave Characterization of Magnetic Iron Fibers[J]. J. Magn. Magn. Mater. 2006, 306: 125 – 129.

[72] C L Yin, J M Fan, L Y Bai, et al. Microwave Absorption and Antioxidation Properties of Flaky Carbonyl Iron Passivated with Carbon Dioxide[J]. J. Magn. Magn. Mater. 2013, 340: 65 – 69.

[73] W F Yang, L Qiao, J Q Wei, et al. Microwave Permeability of Flake-shaped Fe-CuNbSiB Particle Composite With Rotational Orientation[J]. J. Appl. Phys. 2010, 107: 033913.

[74] R Han, L Qiao, T Wang, et al. Microwave Complex Permeability of Planar Anisotropy Carbonyl-iron Particles[J]. J. Alloys Compd. 2011, 509: 2734 - 2737.

[75] R Han, X H Han, L Qiao, et al. Superior Electromagnetic Properties of Oriented Silica-coated Planar Anisotropy Carbonyl-iron Particles in Quasimicrowave Band [J]. Physica B: Condens. Matter. 2011, 406: 1932 - 1935.

[76] 陈旭明, 江建军, 别少伟, 等. 热处理对片状 Fe - Si - Al 磁微粉微波电磁性能的影响[J]. 电子元件与材料. 2011, 30(5): 35 - 37.

[77] 赵仁富, 刘尧, 冯则坤. 扁平化金属合金微粉 Fe - Si - Al 的制备及电磁特性研究 [J]. 金属功能材料. 2006, 13(4): 4 - 7.

[78] 刘辉, 高云雷, 赵东林, 等. 热处理对羰基铁粉磁性能和吸波性能的影响[J]. 安全与电磁兼容. 2010, 6: 71 - 74.

[79] Y H Yu, C C M Ma, K C Yu, et al. Preparation, Morphological, and Microwave Absorbing Properties of Spongy Iron Powders/Epoxy Composites[J]. J. Taiwan Inst. Chem. Eng. 2014, 45: 674 - 680.

[80] C L Yin, Y B Cao, J M Fan, et al. Synthesis of Hollow Carbonyl Iron Microspheres via Pitting Corrosion Method and their Microwave Absorption Properties [J]. Appl. Surf. Sci. 2013, 270: 432 - 438.

[81] D Kim, J Park, K An, et al. Synthesis of Hollow Iron Nanoframes[J]. J. Am. Chem. Soc. 2007, 129: 5812 - 5813.

[82] Q Wang, L N Sun, C W Hu, et al. Research of Novel Functional Stealthy Nanomaterials[J]. Adv. Mater. Res. 2012, 534: 73 - 77.

[83] L W Deng, H Luo, S X Huang, et al. Electromagnetic Responses of Magnetic Conductive Hollow Fibers[J]. J. Appl. Phys. 2012, 111: 084506.

[84] G X Tong. Influences of Pyrolysis Temperature on Static Magnetic and Microwave Electromagnetic Properties of Polycrystalline Iron Fibers[J]. Acta Metall Sin. 2008, 44(7): 867 - 870.

[85] 赵振声, 聂彦, 张秀成. 多晶铁纤维微波吸波剂的分级改性及其应用初探[J]. 磁性材料及器件. 2004, 35(3): 32 - 34.

[86] 彭伟才, 陈康华. 磁性纤维随机混合媒质等效电磁参数的计算[J]. 稀有金属材料与工程. 2005, 34(9): 1407 - 1410.

[87] 李小莉, 贾虎生. 羰基多晶铁纤维吸波性能的研究[J]. 材料工程. 2007, 3: 14 -17.

[88] 黄小忠, 黎炎图, 余维敏, 等. 短切磁性碳纤维泡沫复合材料吸波性能研究[J]. 磁性材料及器件. 2010, 41(5): 15 - 18.

[89] 张克立，从长杰，郭光辉，等. 纳米吸波材料的研究现状与展望[J]. 武汉大学学报（理学版）. 2003，49(6)：680－684.

[90] J G Li，J J Huang，Y Qin，et al. Magnetic and Microwave Properties of Cobalt Nanoplatelets[J]. Mater. Sci. Eng.，B. 2007，138(3)：199－204.

[91] R X Che，B Yu，C X Wang，et al. Preparation and Microwave Absorption Property of the Core-nanoshell Composites Materials Doped with Sm. Adv. Mater[J]. Res. 2012，356－360：514－518.

[92] M Z Xu，F B Meng，R Zhao，et al. Iron Phthalocyanine Oligomer/Fe₃O₄ Hybrid Microspheres and their Microwave Absorption Property[J]. J. Magn. Magn. Mater. 2011，323：2174－2178.

[93] 袁华，杜波，刘俊峰，等. 多壁碳纳米管/环氧树脂复合材料的吸波性能[J]. 材料科学与工程学报. 2009，27(1)：68－71.

[94] 王志强，张振军，范壮军，等. 碳纳米管/三元乙丙橡胶复合材料吸波性能的研究[J]. 材料导报. 2010，24(7)：26－28.

[95] Y Kato，S Sugimoto，K Shinohara，et al. Magnetic Properties and Microwave Absorption Properties of Polymer-protected Cobalt Nanoparticles[J]. Mater. Trans. 2002，43：406－409.

[96] X L Shi，M S Cao，J Yuan，et al. Dual Nonlinear Dielectric Resonance and Nesting Microwave Absorption Peaks of Hollow Cobalt Nanochains Composites with Negative Permeability[J]. Appl. Phys. Lett. 2009，95：163108.

[97] C Wang，S R Hu，X J Han，et al. Controlled Synthesis and Microwave Absorption Property of Chain-like Co Flower[J]. Plos One. 2013，8：E55928.

[98] J Kong，F L Wang，X Z Wan，et al. Machida. Temperature-free Synthesis of Co Nanoporous Structures and their Electromagnetic Wave Absorption Properties[J]. Mater. Lett. 2012，78：69－71.

[99] C Z He，S Qiu，X Z Wang，et al. Facile Synthesis of Hollow Porous Cobalt Spheres and their Enhanced Electromagnetic Properties[J]. J. Mater. Chem. 2012，22：22160－22166.

[100] 季俊红，季生福，杨伟，等. 磁性 Fe₃O₄ 纳米晶制备及应用[J]. 化学进展. 2010，22(8)：1566－1574.

[101] X A. Li，X J Han，Y J Tan，et al. Preparation and Microwave Absorption Properties of Ni-B Alloy-coated Fe₃O₄ Particles[J]. J. Alloys Compd. 2008，464：352－356.

[102] 陈康华，范令强，李金偏，等. 铝基磁性铁纳米线阵列吸波材料的制备与吸波性能[J]. 功能材料，2006，9(30)：1386－1388.

[103] 王建，李会峰，黄运华，等. 碳纳米管/四针状纳米氧化锌复合涂层的电磁波吸收特性[J]. 物理学报，2010，59(3)：1946－1951.

［104］胡照文，邓联文，刘秀丽，等. Tb 掺杂 Fe 基纳米晶片状微波吸波剂制备［J］. 功能材料. 2010，4(41)：601－603.

［105］王晨，康飞宇，顾家琳. 铁钴镍合金粒子/石墨薄片复合材料的制备与吸波性能研究［J］. 无机材料学报. 2010，25(4)：406－410.

［106］J L Guo，X L Wang，P L Miao，et al. One-step Seeding Growth of Controllable Ag@ Ni Core-shell Nanoparticles on Skin Collagen Fiber with Introduction of Plant Tannin and their Application in Higher-performance Microwave Absorption ［J］. J. Mater. Chem. 2012，22：11933－11942.

［107］周长，方庆清，闫方亮，等. ZnO-羰基铁复合纳米粒子的吸波特性［J］. 磁性材料及器件. 2010，41(5)：27－30.

［108］段德莉. 有机耐高温胶粘剂发展概况［J］. 辽宁化工. 1995，5：4－9.

［109］张开. 耐高温胶粘剂［J］. 粘合剂. 1991，2：2－6.

［110］王孟钟，黄应昌. 胶粘剂应用手册［M］. 北京：化学工业出版社. 1999：10－30.

［111］王海侨，李营，荀国立. 有机硅耐高温涂料的研究［J］. 北京化工大学学报. 2006，33：59－62.

［112］赵陈超，章基凯. 有机硅树脂及其应用［J］. 北京：化学工业出版社. 2011：212－216.

［113］高丰. 国外有机硅树脂及其耐热涂料进展［J］. 化工新型材料. 1986，14(10)：1－5.

［114］丁孟贤. 聚酰亚胺：化学、结构与性能的关系及材料［M］. 北京：科学出版社. 2006.

［115］崔永丽，张仲华，江利，等. 聚酰亚胺的性能及应用［J］. 塑料科技. 2005，3：50－53.

［116］田建团，张炜，郭亚林，等. 酚醛树脂的耐热改性研究进展［J］. 热固性树脂. 2006，21(2)：44－48.

［117］刘喜宗，李贺军，马托梅，等. 硼酚醛树脂的制备和研究进展［J］. 中国胶黏剂. 2009，18(8)：42－46.

［118］G Z Shen，M Xu，Z Xu. Double-layer Microwave Absorber Based on Ferrite and Short Carbon Fiber Composites［J］. Mater. Chem. Phys. 2007，105：268－272.

［119］J K Abraham，T C Shami，A K Dixit，et al. Wideband Microwave Absorber Design Using Micro and Nanomaterials［J］. Nanosensors, Microsensors, and Biosensors and Systems. 2007，6528：65281O1－6.

［120］M S Kim，E H Min，J G Koh. Comparison of the Effects of Particle Shape on Thin FeSiCr Electromagnetic Wave Absorber［J］. J. Magn. Magn. Mater. 2009，321：581－585.

［121］M Z Wu，Y D Zhang，S Hui，et al. Microwave Magnetic Properties of Co_{50}/$(SiO_2)_{50}$ Nanoparticles. Appl［J］. Phys. Lett. 2002，80：4404－4406.

[122] P W Ma, C H Woo, S L Dudarev. High-temperature Dynamics of Surface Magnetism in Iron Thin Films[J]. Philos. Mag. 2009, 89: 2921 - 2933.

[123] Q C Ling, J Z Sun, Q Zhao, et al. Microwave Absorbing Properties of Linear Low-density Polyethylene/Ethylene-octane Copolymer/Carbonyl Iron Powder Composites[J]. J. Appl. Polym. Sci. 2009, 111(4):1911 - 1916.

[124] M V Babu, R K Kumar, O Prabhakar. Simultaneous Optimization of Flame Spraying Process Parameters for High Quality Molybdenum Coatings Using Taguchi Methods. Surf. Coat[J]. Technol. 1996, 79: 276 - 288.

[125] Y J Tan, J H Tang, A M Deng, et al. Magnetic Properties and Microwave Absorption Properties of Chlorosulfonated Polyethylene Matrices Containing Graphite and Carbonyl-iron Powder[J]. J. Magn. Magn. Mater. 2013, 326: 41 - 44.

[126] F S Wen, W L Zuo, H B Yi, et al. Microwave-Absorbing Properties of Shape-Optimized Carbonyl Iron Particles with Maximum Microwave Permeability[J]. Physica B. 2009, 404: 3567 - 3570.

[127] 刘攀博. 石墨烯-导电聚合物-磁性纳米粒子复合材料的制备及其微波吸收性能的研究[D]. 西安：西北工业大学博士学位论文, 2015.

[128] R Varavallo, M Manfrinato, L Rossino, et al. Adhesion of Thermally Sprayed Metallic Coating[J]. J. ASTM Int. 2012, 9(2): 1 - 11.

[129] S H Xie, B K Zhu, X Z Wei, Polyimide/BaTiO$_3$ Composites with Controllable Dielectric Properties[J]. Composites Part A. 2005, 36(8): 1152 - 1157.

[130] L Zhang, C S Shi, K Y Rhee, et al. Properties of Co$_{0.5}$Ni$_{0.5}$Fe$_2$O$_4$/Carbon Nanotubes/Polyimide Nanocomposites for Microwave Absorption[J]. Composites Part A. 2012, 43(12): 2241 - 2248.

[131] M O Abdalla, A Ludwick, T Mitchell. Boron-modifled Phenolic Resins For High Performance Applications[J]. Polym. 2003, 44(24): 7353 - 7359.

[132] 周洪飞. 聚酰亚胺树脂固化动力学参数研究[J]. 热固性树脂. 2005, 20(4): 11 -13.

[133] Y Liu , F Luo, W C Zhou, et al. Dielectric and Microwave Absorption Properties of Ti$_3$SiC$_2$ Powders[J]. J. Alloys Compd. 2013, 576: 43 - 47.

[134] 蔡方硕, 黄荣进, 李来风. 负热膨胀材料研究进展[J]. 科技导报. 2008, 26(12): 84 - 88.

[135] 冯娴. 钼酸盐材料的制备及性能表征[D]. 沈阳：东北大学硕士学位论文. 2008: 52 - 54.

[136] 宋超, 张磊, 周卫兵. 柠檬酸法合成 Y$_2$Mo$_3$O$_{12}$ 粉体的研究[J]. 佛山陶瓷. 2010, 11: 24 - 27.

[137] K J Miller. Towards Near-zero Coefficients of Thermal Expansion in A$_2$Mo$_3$O$_{12}$ Materials[J]. Dalhousie University Halifax. 2012: 24 - 33.

[138] X S Liu, Y G Cheng, E Liang, et al. Interaction of Crystal Water with the Building Block in $Y_2Mo_3O_{12}$ and the effect of Ce^{3+} Doping[J]. PCCP. 2014, 16: 12848 -12857.

[139] J Peng, M M Wu, F L Guo, et al. Crystal Structure and Negative Thermal Expansion of Solid Solution $Y_2W_{3-x}Mo_xO_{12}$[J]. J. Mater. Sci. 2011, 46: 5160 - 5164.

[140] B A Marinkovic, P M Jardim, R R Avillez, et al. Negative Thermal Expansion in $Y_2Mo_3O_{12}$[J]. Solid State Sci. 2005, 7: 1377 - 1383.

[141] L M Sullivan, C M Lukehart. Zirconium Tungstate (ZrW_2O_8)/Polyimide Nanocomposites Exhibiting Reduced Coefficient of Thermal Expansion[J]. Chem. Mater. 2009, 17: 2136 - 2141.

[142] W C Weyer, W M Cross, B Henderson, et al. Achieving Dimensional Stability Using Functional Fillers[J]. Am. Inst. Aer. Ast. 2005, 18 - 21: 1 - 17.

[143] G R Sharma, C Lind, M R Coleman. Preparation and Properties of Polyimide Nanocomposites with Negative Thermal Expansion Nanoparticle Filler[J]. Mater. Chem. Phys.. 2012, 137: 448 - 457.

[144] W Miller, C W Smith, P Dooling, et al. Tailored Thermal Expansivity in Particulate Composites for Thermalstress Management[J]. Phys. Status Solidi B. 2008, 245: 552 - 556.

[145] P. Badrinarayanan, M R Kessler. Zirconium Tungstate/Cyanateester Nanocomposites with Tailored Thermal Expansivity. Compos[J]. Sci. Technol. 2011, 71: 1385 - 1391.

[146] P Badrinarayanan, B M Murray, M R Kessler. Zirconium Tungstate Reinforced Cyanate Ester Composites with Enhanced Dimensional Stability[J]. J. Mater. Res. 2009, 24: 2235 - 2242.

[147] D A Makeiff, T Huber. Microwave Absorption by Polyaniline-carbon Nanotube Composites[J]. Synth. Met. 2006, 156: 497 - 505.

[148] U Kaatze. Techniques for Measuring the Microwave Dielectric Properties of Materials. Metrologia. 2010, 47: S91 - S113.

[149] Y C Qing, W C Zhou, F Luo, et al. Optimization of Electromagnetic Matching of Carbonyl Iron/$BaTiO_3$ Composites for Microwave Absorption[J]. J. Magn. Magn. Mater. 2011, 323: 600 - 606.

[150] M J Qiao, C R Zhang, H Y Jia. Synthesis and Absorbing Mechanism of Two-layer Microwave Absorbers Containing Focs-like Nano-$BaZn_{1.5}Co_{0.5}Fe_{16}O_{27}$ and Carbonyl Iron. Mater[J]. Chem. Phys. 2012, 135: 604 - 609.

[151] D Zhao, F Luo, W C Zhou, et al. Complex Permittivity and Microwave-Absorbing Properties of Fe/Al_2O_3 Coatings by Air Plasma Spraying Technique[J]. Int. J. Appl. Ceram. Technol. 2013, 10: E88 - 97.

[152] J B Su, W C Zhou, Y Liu, et al. Effect of Ti_3SiC_2 Addition on Microwave Absorption Property of Ti_3SiC_2/Cordierite Coatings[J]. Surf. Coat. Technol. 2015, 270: 39 – 46.

[153] G X Tong, W H Wu, Q Hua, et al. Enhanced Electromagnetic Characteristics of Carbon Nanotubes/Carbonyl Iron Powders Complex Absorbers in 2 – 18GHz Ranges[J]. J. Alloys Compd. 2011, 509: 451 – 456.

[154] H J Zhang, X W Wu, Q L Jia, et al. Preparation and Microwave Properties of Ni-SiC Ultrafine Powder by Electroless Plating[J]. Mater. Des. 2007, 28: 1369 – 1373.

[155] Z B Lia, B Shen, Y D Deng, et al. Preparation and Microwave Absorption Properties of Electroless Co-P-coated Nickel Hollow Spheres[J]. Appl. Surf. Sci. 2009, 255: 4542 – 4546.

[156] X Yan, G Z Chai, D S Xue. The Improvement of Microwave Properties for Co Flakes after Silica Coating[J]. J. Alloys Compd. 2011, 509: 1310 – 1313.

[157] L D Liu, Y P Duan, S H Liu, et al. Microwave Absorption Properties of One Thin Sheet Employing Carbonyl-Iron[J]. J. Magn. Magn. Mater. 2010, 322: 1736 – 1740.

[158] 丁冬海. SiC/SiC 耐高温结构吸波材料性能研究[D]. 西安：西北工业大学博士论文. 2012: 10 – 12.

[159] 张标. CVI 结合真空浸渍法制备 SiC 纤维增韧吸波材料[D]. 西安：西北工业大学硕士论文. 2011.

[160] 刘海韬. 夹层结构 SiC_f/SiC 雷达吸波材料设计、制备及性能研究[D]. 湖南：国防科技大学博士论文. 2010: 35 – 36.

[161] 周旺. 2D – SiC_f/SiC 耐高温结构吸波材料力学性能研究[D]. 湖南：国防科技大学博士论文. 2008.

[162] X M Li, L T Zhang, X W Yin. Electromagnetic Reflection Loss and Oxidation Resistance of Pyrolytic Carbon-Si_3N_4 Ceramics with Dense Si_3N_4 Coating[J]. J. Eur. Ceram. Soc. 2012, 32(8): 1485 – 1489.

[163] W Zhou, P Xiao, Y Li. Preparation and Study on Microwave Absorbing Materials of Boron Nitride Coated Pyrolytic carbon Particles. Appl[J]. Surf. Sci. 2012, 258(22): 8455 – 8459.

[164] M A Abshinova, N E Kazantseva, P Sáha, I. Sapurina, et al. The Enhancement of the Oxidation Resistance of Carbonyl Iron by Polyaniline Coating and Consequent Changes in Electromagnetic Properties[J]. Polym. Degrad. Stab. 2008, 93: 1826 – 1831.

[165] F Jay, V Gauthier-Brunet, F Pailloux, et al. Al-coated Iron Particles: Synthesis, Characterization and Improvement of Oxidation Resistance[J]. Surf. Coat. Technol. 2008, 202: 4302 – 4306.

[166] 程学渝, 何甦. 钢铁常温发蓝工艺. 金属加工热加工[J]. 2012, 2: 116 – 118.

[167] M S Cao, W L Song, Z L Hou, et al. The Effects of Temperature and Frequency on the Dielectric Properties, Electromagnetic Interference Shielding and Microwave-Absorption of Short Carbon Fiber/Silica Composites[J]. Carbon. 2010, 48: 788 – 796.

[168] S Wurmehl, G H Fecher, H C Kandpal, et al. Electronic, and Magnetic Structure of Co_2 FeSi: Curie Temperature and Magneticmoment Measurements and Calculations[J]. Phys. Rev. B. 2005, 72: 184434.

[169] S L Cheng, T L Hsu, T Lee, et al. Characterization and Kinetic Investigation of Electroless Deposition of Pure Cobalt Thin Films on Silicon Substrates[J]. Appl. Surf. Sci. 2013, 264: 732 – 736.

[170] Y C Qing, W C Zhou, S Jia, et al. Microwave Electromagnetic Property of SiO_2-coated Carbonyl Iron Particles with Higher Oxidation Resistance[J]. Physica B. 2011, 406: 777 – 780.

[171] X G Liu, D Y Geng, H Meng, et al. Microwave-absorption Properties of Zno-coated Iron Nanocapsules[J]. Appl. Phys. Lett. 2008, 92: 173117.

[172] A Fert, I A Campbell. Electrical Resistivity of Ferromagnetic Nickel and Iron Basedalloys[J]. J. Phys. F Metal Phys. 1976, 6(5): 849 – 871.

[173] T Tsutaoka. Frequency Dispersion of Complex Permeability in Mn – Zn and Ni – Zn Spinel Ferrites and their Composite Materials[J]. J. Appl. Phys. 2003, 93: 2789 – 2796.

[174] S S Kim, S T Kim, J M Ahn, et al. Magnetic and Microwave Absorbing Properties of Co – Fe Thin Films Plated on Hollow Ceramic Microspheres of Low Density[J]. J. Magn. Magn. Mater. 2004, 271: 39 – 45.

[175] C L Yin, J M Fan, L Y Bai, et al. Microwave Absorption and Antioxidation Properties of Flaky Carbonyliron Passivated with Carbon Dioxide[J]. J. Magn. Magn. Mater. 2013, 340: 65 – 69.

[176] L G Yan, J B Wang, X H Han, et al. Enhanced Microwave Absorption of Fe Nanoflakes after Coating with SiO_2 Nanoshell[J]. Nanotechnol. 2010, 21: 095708.

[177] 李爱坤, 李丽娅, 吴隆文. 溶胶-凝胶法制备 SiO_2 包覆 $Fe_{85}Si_{9.6}Al_{5.4}$ 软磁复合粉末[J]. 中国有色金属学报. 2013, 4: 1065 – 1072.

[178] 周乾, 陆明. 纳米 SiO_2 包覆对羰基铁粉电磁性能的影响[J]. 兵器材料科学与工程. 2013, 36(6): 91 – 93.

[179] 冯旺军, 郑文谦, 李靖, 等. APTES 为单一硅源制备 SiO_2 包覆羰基铁粉及其吸波性能[J]. 中国(国际)功能材料科技与产业高层论坛. 2015: 87 – 88.

[180] 童国秀, 王维, 官建国. SiO_2 纳米壳的厚度对羰基铁/SiO_2 核壳复合粒子的性能影响[J]. 无机材料学报. 2006, 21(6): 1461 – 1466.

[181] 谢建良，梁波浪，邓龙江. 二氧化硅包覆片状金属磁性微粉电磁特性分析[J]. 功能材料. 2008, 39(1): 41-45.

[182] 朱云斌，卿玉长，贾舒，等. SiO_2包覆羰基铁的微波吸收性能研究[J]. 材料导报. 2010, 24(1): 9-11.

[183] 周影影. 耐温树脂基吸波材料的制备及性能表征[D]. 西安: 西北工业大学博士学位论文. 2016.

[184] 卢凤才，杨桂生. 耐高温胶粘剂[M]. 北京: 科学出版社, 1993.

[185] 赵敏，孙均力. 硼酚醛树脂及其应用[M]. 北京: 化学工业出版社, 2015.

[186] 任朝闻. 羰基铁粉的抗氧化处理及其吸波性能[D]. 西安: 西安工业大学硕士学位论文. 2018.

[187] 吴石增. 电磁波的生物效应与人体健康[J]. 中南民族大学学报(自然科学版). 2010, 29(1): 57-61.

[188] 陶治国，蔡德忠. 坦克的雷达隐身外形技术初步研究[J]. 车辆与动力技术. 2004, 3: 29-34.

[189] 褚万顺，尹炳龙. 隐身技术在坦克装甲车辆上的应用[J]. 车辆与动力技术. 2006, 2: 60-64.

[190] 徐晶，先林. 电磁辐射防护织物发展现状[J]. 纺织科技睦展. 2009, 3: 25-26.

[191] 刘国华，王文祖. 电磁辐射防护织物的开发[J]. 产业用纺织品. 2003, 6: 16-18.